護理寶寶
腸胃

不肚痛、不便秘

毛鳳星 著

前言

　　你是否正在為剛出生的寶寶吃得太少而擔心？你是否正在為給寶寶補充配方奶粉而舉棋不定？

　　剛出生 2~3 天的純母乳餵養寶寶，出現吃了奶沒多久，就都吐出來的情況，是要減少餵奶量還是要去醫院呢？

　　都說新生兒不容易出現腹瀉，可是自家小寶寶卻反復肚瀉，是餵養方法不對，還是用具不潔導致？

　　寶寶純母乳餵養，可是已經三天沒有大便了，是便秘嗎？

　　寶寶一到黃昏就哭鬧不停，是肚子不舒服還是甚麼回事？

　　看到上面的問題，爸爸媽媽是不是有一種似曾相識的感覺呢？其實，以上的問題大多是因為寶寶腸胃嬌嫩，消化系統尚未完善，加上餵養不當、着涼等原因導致。

　　我從事兒童臨床研究工作 20 多年，對 0~6 歲寶寶腸胃的調養有比較深入的瞭解。其實，寶寶年齡階段不同，腸胃的護理方法也不同，為此，我將自己的理論知

識和工作經驗彙集起來編著了本書，讓新手爸爸媽媽可以根據月齡照顧好寶寶，幫寶寶將一些常見的腸胃疾病提出來，為寶寶一生健康打下良好的底子。本書可以作為寶寶胃腸道疾病預防和調理的參考書。

我竭盡所能，但難免有所紕漏，希望用到本書的你多多包涵。如果你能給我提出寶貴的意見，我將不勝感激。讓我們在寶寶護理的道路上一起前進！

毛鳳星

目錄

第 2 章

腹瀉
防止脫水，及時補水

第 3 章

便秘
有規律才是黃金要素

第 4 章

嘔吐
積極合理應對最重要

第 5 章

厭食
找到原因，對症調養

第 6 章

積食
危害大，遠超出想像

消化不良的另一種說法 是「積食」 152

警惕！這些症狀說明寶寶積食了 152

積食有哪些危害？ 153

哪種情況下，
　　寶寶積食要看醫生？ 153

第 8 章

腸痙攣、腸套疊
媽媽的安撫是最好良藥

瞭解寶寶的腸胃

0~6 歲是寶寶健康成長的關鍵期，但寶寶腸胃功能尚未完善，稍有不慎就會造成腸胃不適，並且因此全家上下忙作一團。其實，瞭解清楚寶寶的腸胃知識可能就是另一幅畫面了。

新生兒和成人腸胃有區別

　　新生兒吐奶、哭鬧不停、經常拉肚子……相信很多媽媽都曾遇過這些情況。其實，這些可能是因為新生兒腸胃沒發育成熟，消化系統尚未完善，容易出現腸道菌群紊亂，加上餵養不當、着涼等原因導致。

　　那麼新生兒腸胃和成人腸胃有哪些區別呢？

新生兒腸胃

胃橫着
呈水平位置，導致容易吐奶。

賁門鬆
還不能很好地收縮，喝進去的奶易回流。

容量小
新生兒胃如葡萄般大小，容易脹滿。

幽門緊，食物不能及時進入小腸。胃酸分泌少、酸度弱，多種消化酶分泌量低、活性低
容易導致乳糖不耐受、蛋白質消化不良和脹氣。

腸壁肌層發育差
腸壁薄，腸屏障功能不完善，病菌和消化不完全的物質易進入血液，引起不適。

腸道固定性較差

媽媽腸胃

胃豎着
狀態比較穩定，食物不易回流。

賁門緊
收縮力強，防止食物回流。

容量大
是新生兒胃容量的 70 多倍，約 2 公升。

酶活性高
能 100% 啟動乳酸酶、腸激酶。

腸壁肌層發育好
腸壁厚，腸屏障功能完善，病菌和消化不完全的物質不會進入血液。

腸道固定性較好

寶寶胃容量是如何變化的

胃容量的變化

有些新手爸媽看到剛出生的寶寶吃得很少，擔心寶寶是不是沒吃飽，要不要餵點配方奶粉？其實，大可不必。因為新生兒的胃容量非常小，一點奶就夠寶寶吃了。

怎樣判斷新生兒是否吃飽？

新生兒的胃很小，寶寶總是吃，到底該如何判斷他是否吃飽呢？可以從下面幾個方面來判斷。

1　聽新生兒吃奶時下嚥的聲音，是否每吸吮 2~3 次，就咽下一大口。

2　看新生兒吃完奶後是否有滿足感，是否能安靜睡 30 分鐘以上。

3　看新生兒一周後的大便是否為金黃色糊狀，排便次數是否每天 2~5 次。

4　看新生兒體重增長情況，是否每天增長 30~50 克；是否第一個月體重增長 600~1000 克。

如果不能達到以上標準，說明寶寶有可能沒有吃飽，需要及時找到原因，否則影響寶寶的生長發育。

胃容量	胃大小
第 1 天 5~7 毫升	**第 1 天** 相當於彈珠
第 2 天 10~13 毫升	
第 3 天 22~27 毫升	**第 3 天** 相當於乒乓球
第 4 天 36~46 毫升	
第 5 天 43~57 毫升	**第 5 天** 相當於雞蛋

爺爺嫲嫲注意

有些嫲嫲看到剛出生的孫子或孫女沒奶吃，就怕孩子餓着，立即給寶寶沖配方奶粉。這樣往往會讓寶寶對母乳產生抵觸心理。其實，寶寶應該在出生 2 小時內吮吸母乳，促進媽媽乳汁分泌。儘早開始吮吸母乳還可減輕嬰兒生理性黃疸。

寶寶腸道構造及功能特點

寶寶腸道一般為身長的 5~7 倍（成人僅為 4 倍），或為坐高（頭頂至坐骨結節的長度）的 10 倍。而小腸與大腸的比例也超過成人。新生兒小腸與大腸比例為 6:1；嬰兒為 5:1；成人則為 4:1，這樣可以增加腸道消化和吸收營養的面積，以滿足寶寶生長發育所需要的營養。

寶寶腸道的構造和大人腸道構造相同，包括小腸、大腸。腸道內有腸液和腸道菌群。

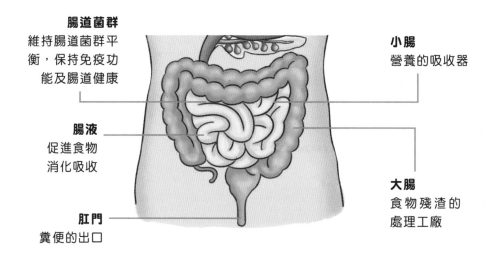

腸道菌群
維持腸道菌群平衡，保持免疫功能及腸道健康

腸液
促進食物消化吸收

肛門
糞便的出口

小腸
營養的吸收器

大腸
食物殘渣的處理工廠

育兒專家提醒
媽媽瞭解寶寶腸道的構造，才能在寶寶出現胃腸道不適時準確描述位置、表現等，有利於醫生迅速判斷寶寶的疾病，及時進行治療。

小腸是吸收營養的主要場所

寶寶吃進去的食物，在胃裏完成初步消化後，進入小腸。食物在小腸裏被消化分解，並且大部分營養物質經過小腸吸收，輸送到全身各器官組織，保證寶寶健康發育。

小腸的基本構造

小腸包括十二指腸、空腸和迴腸三部分。

> **十二指腸** 分泌蛋白酶、脂肪酶、蔗糖酶、麥芽糖酶等多種消化酶，還分泌腸道激素。
>
> **空腸** 位於小腸中間的部分。
>
> **迴腸** 含有豐富的淋巴，主要用來吸收營養，也是小腸最長的部分。

有些寶寶的肚子看起來鼓鼓的，但是並沒有甚麼不舒服，也沒有其他症狀，這種情況屬正常。

容易造成寶寶消化不良或腹瀉的原因

- 小腸黏膜脆弱，腸液中大多數酶含量較低，對消化吸收不利。
- 不合理餵養。
- 神經功能不完善，腸道運動功能和分泌消化液的功能易受外界影響。

大腸是食物殘渣的處理工廠

食物經過寶寶的小腸後，消化和吸收過程基本完成。而食物殘渣、水和電解質會進入大腸，經過進一步吸收水分，這些物質會變成糞便排出體外。

在正常情況下，大腸中有很多細菌，使食物殘渣腐敗和發酵，有利於糞便排出體外，寶寶如果幾天不大便就會引起不適，如便秘、腹脹等。

大腸的基本構造

大腸主要包括盲腸、闌尾、結腸、直腸、肛管五部分。

> **盲腸**
> 位於腹部的右下方，連接小腸和結腸。
>
> **闌尾**
> 根部比較固定，連於盲腸的後內側壁，遠端為遊離的盲端。
>
> **結腸**
> 回盲括約肌或回盲瓣到直腸和肛門的部分，一旦消化的食物進入這裏，表明身體所需營養吸收已進入尾聲。
>
> **直腸**
> 位於盆腔後部，排便前和排便中是空的。
>
> **肛管**
> 位於消化道末端，控制糞便的排泄。

腸液是營養轉化的「功臣」

　　寶寶能夠在腸道消化食物，不僅要依靠腸道的運動，還要靠腸液來完成。腸液包括小腸液和大腸液，但大腸液主要成分為黏液、碳酸氫鹽及少量的二肽酶和澱粉酶，對消化意義不大。而小腸液是指小腸黏膜腺分泌的消化液，含有多種酶，能進一步消化食物中的碳水化合物、脂肪等，對腸道消化和吸收意義重大。

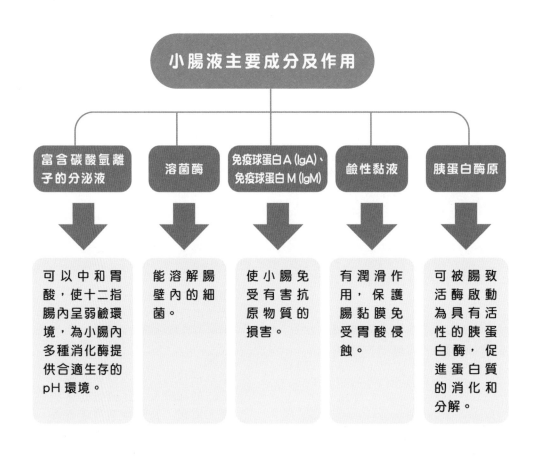

小腸液主要成分及作用

富含碳酸氫離子的分泌液	溶菌酶	免疫球蛋白A (IgA)、免疫球蛋白M (IgM)	鹼性黏液	胰蛋白酶原
可以中和胃酸，使十二指腸內呈弱鹼環境，為小腸內多種消化酶提供合適生存的pH環境。	能溶解腸壁內的細菌。	使小腸免受有害抗原物質的損害。	有潤滑作用，保護腸黏膜免受胃酸侵蝕。	可被腸致活酶啟動為具有活性的胰蛋白酶，促進蛋白質的消化和分解。

育兒專家提醒

大腸液由大腸黏膜表面的柱狀上皮細胞和杯狀細胞分泌，pH 8.3~8.4，但對消化的作用不大，主要是通過黏液蛋白保護腸壁黏膜和潤滑糞便，還能幫助糞便成形。

腸道菌群是維持寶寶腸道健康的「保護神」

　　寶寶遇到細菌，媽媽的第一反應就是「殺菌」，好讓寶寶處於乾淨的環境。如果媽媽這麼想，也這麼做了，那就錯了！因為腸道就是一個龐大的菌群王國，生活着約 10 萬億個細菌，500~1000 個不同的種類。其中，相當一部分細菌有利於維持人體部分消化功能及製造維他命，這部分細菌是「殺不得」的，否則會影響寶寶的正常消化，不利於身體健康。

　　而腸道菌群大致可分為三大類：有益菌、有害菌和中性菌。其中有益菌參與食物的消化，促進腸道運動，抑制致病菌群的生長，分解有害和有毒物質；有害菌會產生有害物質，減弱消化機能；中性菌會根據腸道環境轉變而改變。

腸道菌群特性

　　正常情況下，腸道內三大菌群處於和平相處的狀態，菌群之間維持一定的生態平衡。一旦這種生態平衡被打破，就會影響寶寶的消化功能，進而導致寶寶生病。所以，維持腸道菌群的平衡有利於寶寶的身體健康。

寶寶腸道菌群是怎樣建立的

腸道菌群不是與生俱來的，它會隨着年齡而變化。

斷奶期

由於進食食物種類繁多，腸道內出現更多菌群種類。

新生兒

母乳餵養，雙歧桿菌等有益菌佔絕對優勢。非母乳餵養，大腸桿菌、嗜酸桿菌、雙歧桿菌及腸球菌所佔比例幾乎相等。

輔食期

腸道菌群的平衡狀態受生活方式、飲食習慣等因素影響而因人而異。

胎兒期

在媽媽的子宮內處於無菌狀態。

那麼，寶寶出生後，腸道正常菌群是如何建立的？對寶寶健康有好處的有益菌是通過哪些途徑進入寶寶身體？

新生兒的腸道是個開放的系統，對於有益菌和有害菌來說，誰先進來，誰就佔據主導地位。如果有益菌先進來，且成為優勢菌，就為健康的腸道菌群建立打下了良好的基礎。如果有害菌先進來，那可能是腸道菌群失調的主要原因之一。因此，出生後幾個小時內發生的事情可能影響寶寶的一生。

新生兒腸道有氧氣，只有好氧的細菌，如乳酸桿菌、雙歧桿菌等才能立足。那麼，寶寶如何獲得這些有益菌呢？

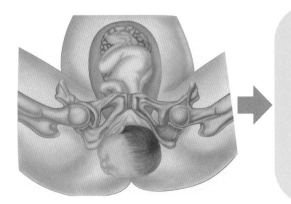

第一次：在媽媽的產道裏

為了新生兒腸道能在第一時間獲得有益菌，健康孕媽媽的產道裏會分泌大量糖原，刺激乳酸桿菌生長。當胎兒通過產道時，全身會塗滿有益菌，有益菌會搶先進入口腔，有益菌就佔據優勢地位。

第二次：在媽媽的乳汁中

新任媽媽的初乳中有大量的益菌，且每升初乳中 10~15 克的天然益生元可以促進有益菌迅速成長，不給有害菌太多立足之地。

第三次：在媽媽的皮膚上

和媽媽進行親密接觸也是寶寶獲得有益菌的一個重要途徑。

有益菌就這樣通過媽媽的產道、初乳、皮膚等途徑第一時間進入新生兒腸道的，這也為新生兒健康腸道菌群建立創造了條件。

當有益菌在腸道中佔據優勢後，會有少量兼性厭氧菌，如大腸桿菌進入腸道，迅速消耗氧氣，使腸道成為厭氧環境。這時，各類厭氧菌逐漸進入腸道定居，腸道內細菌種類越來越豐富。

在添加輔食後
隨着輔食的添加，寶寶腸道菌群種類會逐漸豐富。

到 3 歲時
寶寶腸道菌群趨於成熟，達到適合自身條件的最佳狀態，逐漸形成自己的特點。最終，每個人腸道內菌群都是獨一無二的。

總之，孕媽媽一定把自己的身體調養好，讓身體的菌群進入最佳狀態，使有益菌第一時間進入寶寶的腸道，為寶寶一輩子的健康打下良好基礎。

育兒專家提醒

腸道菌群不是一成不變的
3 歲時寶寶腸道菌群趨於成熟，但不是一成不變的。不良的飲食結構、濫用抗生素等，都會造成腸道內原有菌群失衡，從而給有害菌有機可乘。

益生菌守護腸胃，寶寶吃飯香

　　益生菌是模擬母乳餵養寶寶腸道正常菌群應運而生的產品，包括雙歧桿菌和乳酸桿菌，對維持腸道菌群的平衡具有重要的意義。它能抑制致病菌的增殖，避免某些腸道疾病的發生。因此，適量補充益生菌能守護腸胃健康，促使寶寶吃飯香。

適當服用益生菌

　　當寶寶腸胃出現問題時，人為使用益生菌干預，是解決問題的有效方法。益生菌是用人工方式製成的，儘量模擬正常腸道內的「有益菌」，能填補人體腸道內有益菌的缺失，進而恢復腸道正常的免疫功能。需要注意，益生菌製劑需要在醫生的指導下選擇。

益生菌的好處

胃口好　　　　　　　促進腸道蠕動

定植在腸道內　　　　身體更強壯

防止腸道內有害細菌繁殖

益生菌最好選活菌

　　因為活菌中活性物質較死菌中更多、更具生命力，因而在腸道內發揮作用更好。

1 改善腸道菌群和腸道功能，所以適用於腸道功能紊亂時，包括消化不良、腹瀉、便秘時。

2 可抑制有害菌，所以適用各種細菌等引起的腸胃感染。

3 可刺激腸道免疫細胞，改善腸道及全身免疫，適用於過敏等免疫失調性疾病。

如何甄別活菌和死菌

有些活菌和死菌一樣，只需常溫乾燥保存就行，有些活菌則需要冷藏保存，但從外觀上難以分辨。這時，媽媽就要好好閱讀產品說明書，還可以根據寶寶服用後的效果加以印證。

活菌服用後
寶寶腸道功能會被改善，腹瀉、通便等效果好，且服用一次能維持較長時間。

死菌服用後
效果沒有活菌好，一般服用後可能僅當天見效，停服後效果也停止。

使用活菌的注意事項

1　按產品說明書的要求對活菌進行保存。

2　活菌不能與空氣接觸過長，需要混合液體一起服用。沖泡益生菌的水溫以 40℃ 以下為宜，能最大限度地保存活菌的生物活性。

3　如果服用了抗生素，最少需要間隔 2 小時才能補充益生菌。

益生菌補多了怎麼辦？

益生菌不會被人體吸收，它只在腸道中起作用，如果攝入過多，多餘益生菌會隨糞便排出體外。但益生菌在腸胃的敗解過程中會帶走大量的水分，所以益生菌補多了會導致大便偏稀或腹瀉。這時，媽媽要多給寶寶補充水分，以防脫水。

益生菌和益生菌製劑的區別

益生菌	益生菌製劑
能夠通過調節腸道菌群改善身體健康的活菌，也就是對人體有益無害的活菌。	含有益生菌的產品，也含有添加劑等。所以，益生菌製劑是否長期服用，除了考慮益生菌本身，還要考慮添加劑等其他成分。目前沒有哪一種益生菌製劑標明可長期服用。

1　寶寶出現便秘時，遵從醫生指示可服用益生菌。對 1 歲內或本身有牛奶過敏史的寶寶，用益生菌製劑時一定要注意是否含有牛奶，也不能選擇乳酪等牛奶製品。

2　服用益生菌時，加上益生元，效果更佳。

育兒專家提醒

益生菌中雙歧桿菌（乳雙歧桿菌、雙歧桿菌 BB_{12}）、乳酸桿菌（鼠李糖乳酸桿菌 LGG）和益生元（FOS、低聚半乳糖、菊粉、乳果糖）是目前研究證實效果較好的益生菌和益生元品種。但因不同品種不同廠家生產的方法不同，因此效果也有差別，請媽媽根據醫生的建議選擇適合寶寶的產品。此外，即使是質量合格的益生菌，在生產過程中也難免會被加入添加劑和防腐劑，因此不宜長期服用。

爺爺嫲嫲注意

有些爺爺嫲嫲看到超市的乳酪含有益生菌，就認為可以通過多吃乳酪給寶寶補充益生菌。其實，1 歲以上寶寶才可以吃乳酪，但要注意乳酪飲料不是乳酪，最好不要給寶寶喝乳酪飲料，因其營養價值有限，還含有不適合寶寶飲用的成分。

配合服用益生元

益生元能使益生菌活性增強，從而在腸道中更好地發揮作用。食物膳食纖維中就含有益生元成分，所以，腸道健康的寶寶是不需要額外補充益生元。但當腸道出現問題，需要補充益生菌時，醫生會建議最好配合補充益生元，這對恢復腸道菌群平衡效果較好。

注意事項

- 選擇乾燥粉末製劑
- 製劑中不含奶、糖、麩質等添加物
- 分劑量包裝，每次 1 個包裝劑量
- 水的溫度不能超過 40℃
- 使用時與抗生素等藥物間隔最少 2 小時
- 隨吃隨飲用水，減少空氣暴露時間

效果比較好的益生菌和益生元

目前經過研究證實，以下是效果比較好的益生菌和益生元。

益生菌	雙歧桿菌 BB$_{12}$、乳雙歧桿菌、鼠李糖乳酸桿菌 LGG 等。
益生元	低聚果糖、乳果糖、低聚半乳糖、菊粉等

註：即使是質量合格，益生菌在生產過程中難免會被加入添加劑和防腐劑，所以寶寶不宜長期服用。

育兒專家提醒

家中停止使用消毒劑，維持寶寶腸道健康的「治本之道」

寶寶的腸胃出現問題了，如果找不到誘因，即使服用了益生菌和益生元，也不能解決根本問題。對寶寶來說，對腸道危害最大的就是消毒劑和含有消毒劑成分的日用品。

清潔劑創造出的無菌環境，不利於腸道免疫功能的建立，還會打破整個腸道內的細菌平衡，引起免疫功能受損。

想知道家中日用品中是否含有消毒劑成分嗎？看看商標就知道了。

含氯消毒劑有漂白粉、漂粉精等；醛類消毒劑有甲醛、戊二醛等；酚類消毒劑有苯酚、甲酚、鹵代苯酚等；醇類消毒劑有乙醇、異丙醇等；過氧化物類有氧化氫、二氧化氯、臭氧、過氧乙酸等。這些都是家中可能破壞寶寶腸道菌群的物品。

乳酸菌是對身體有益的菌群

在腸道的有益菌中，對身體最有益的細菌就是乳酸菌。乳酸菌是糖發酵後分解出能夠產生乳酸細菌的總稱，雙歧桿菌、乳酸桿菌是最主要的乳酸菌。

乳酸菌的作用

維持腸道菌群平衡
乳酸菌能維持腸道正常菌群的生態平衡，在病原菌侵入腸道時，避免身體發生腸道感染和食物中毒。

促進食物消化、吸收、代謝
乳酸菌能協助糖分分解，產生乳糖，並促進乳糖的吸收和代謝。此外，乳酸菌還能促進磷、鈉等礦物質的吸收和多餘礦物質排出。

維持腸道呈正常酸性
腸道呈酸性，能抑制在中性或鹼性環境中生長繁殖的腐敗菌，從而減少腸道內的有害物質，防止腹瀉和便秘。

清除致癌物
從口中進入身體的大部分細菌會被胃液和膽汁等消化液消滅，殘留的細菌或毒素會被腸道清除，而乳酸菌能分解一些致癌物、添加劑等物質，使其毒性消失或減弱。

促進體細胞干擾素產生
體細胞能產生一種干擾素，在細菌等侵入身體，細胞受到外界刺激時使體細胞產生抑制細菌繁殖的作用，而乳酸菌有利於這種干擾素的產生。

提高免疫力
乳酸菌能保持免疫系統維持活躍狀態，還能啟動巨噬細胞等免疫細胞，預防疾病。

創造乳酸菌適宜繁殖的環境

為了使腸道內乳酸菌保持穩定，就要創造出適合乳酸菌繁殖的環境。

1 攝入富含膳食纖維的食物。含豐富膳食纖維的食物有非精製加工的穀物（糙米、薏米等）、海藻類（紫菜、海帶等）、蔬菜、豆類、菌類等。

2 適量食用乳酪是補充乳酸菌的好方法；但乳酪的乳酸菌對腸道來說是外來菌群，能否在腸道中植根卻因人而異。

如何判斷寶寶腸胃是否健康？

寶寶的腸胃十分嬌嫩，一不留神就容易出問題，讓媽媽擔心不已。媽媽可以通過觀察寶寶是否擁有健康小肚子，簡單判斷寶寶的腸胃是否健康。

1 望

媽媽可以仔細觀察寶寶的小肚子。一般來說，剛出生的寶寶肚子總是圓鼓鼓的，這是很正常的現象。隨着年齡增加，肚子會漸漸變得平坦。如果寶寶的小肚子看起來比平時偏大偏鼓，可能是正常的情況。但如果腹脹合併嘔吐、食慾不振，肚子脹鼓，有緊繃感，家長要引起注意了。

2 聞

大多數情況下，寶寶放屁是不臭的，但如果聞到寶寶放臭屁，媽媽應多加觀察，除了放臭屁，寶寶是否伴有打嗝、口臭等表現。

3 聽

正常情況下，腸鳴音每分鐘4~5次，其聲響和音頻變異較大。腸蠕動時，腸鳴音每分鐘 10 次以上，但音調不特別高亢，稱腸鳴音活躍，見於急性胃腸炎。

4 食

寶寶吃了蛋白質分子較大的奶粉往往會消化不良，因為有些寶寶的腸道不易較好地吸收大分子奶粉，而水解蛋白奶粉有助消化易吸收的小分子奶粉，有利於寶寶健康。

5 驗

寶寶的便便是健康的晴雨表，觀察寶寶的便便應是媽媽每天的必修課。金黃色、黃色或棕色，偶見奶瓣（即白色顆粒或瓣狀物）的便便是正常的。如果寶寶便便發出腥臭味，多為暗綠色，黏液較多，很可能是金黃色葡萄球菌性腸炎，非常危險，要立刻就醫。

怎樣維持寶寶正常的腸道功能？

均衡膳食

　　寶寶的一日三餐和加餐包含了蛋白質、碳水化合物、脂肪、維他命、礦物質、膳食纖維等人體所需的營養物質，就完全能滿足寶寶的身體需求，不需要額外補充營養。

寶寶吃飯注意不要食用過冷、過熱的食物，切忌暴飲暴食。

充足的睡眠

　　充足的睡眠是寶寶身體強壯的基礎。一些家長有晚睡的習慣，受其影響，寶寶也會晚睡，久而久之，寶寶的免疫力就會降低。

　　此外，如果寶寶長期處於疲勞狀態，很難抵禦外界入侵的病菌，腸道就容易受到損傷。而充足且高質量的睡眠能使寶寶的免疫系統在某種程度上得到修復和調整，有助於寶寶改善免疫系統，也有利於寶寶維持腸道健康。

規律的作息

　　成人大多暴飲暴食、熬夜後會出現便秘等問題。對於寶寶來說，因為腸胃還不夠完善，保持自然規律的作息習慣最為重要。

少菌而非無菌的生活環境

　　細菌在人體免疫功能發育起着至關重要的作用。如果寶寶一直在無菌環境生存，那麼腸道就無法發育成熟。讓寶寶適量接觸細菌，少量細菌進入寶寶的腸道內，對腸道免疫系統的建立和成熟有好處。

不濫用抗生素

　　抗生素只針對細菌性感染，對病毒性感染引起的疾病不起作用，還會因誤殺細菌使人體原本正常的腸道菌群遭到破壞，影響身體免疫功能。因此，寶寶應在醫生的指導下正確服用抗生素，且服藥後 2 小時最好適當補充一些益生菌，以維持腸道菌群平衡，儘快修復腸道免疫功能。

育兒專家提醒

配方奶粉生產多為無菌操作，廠商會在奶粉中加入活性菌成分。儘管如此，人工餵養寶寶的腸道菌群建立效果遠達不到與母乳相同的效果。

堅持母乳餵養

寶寶在吸吮母乳時，可以適當吃到媽媽乳頭上、乳頭周圍皮膚上、乳管內的細菌，且乳汁中含有很多有利於腸道的活性物質。因此，母乳餵養有利於寶寶腸道健康。

母乳餵養對寶寶胃腸道的好處

嬰兒出生時已具備良好的吸吮條件反射和吸吮能力，但胃容量小，腸黏膜發育不完善，消化酶不成熟，而母乳尤其是初乳，既能很好地滿足新生兒的營養需要，又能適應其消化和代謝能力，是幫助新生兒自主獲取液體、能量和營養素的最理想食物。

母乳餵養的嬰兒腸道內很快就會建立起以雙歧桿菌為主的腸道正常菌群。腸道內正常菌群的建立不僅有利於營養的消化和吸收，更為重要的是可以啟動腸道細胞之間的原始免疫細胞。腸道細胞間的原始免疫細胞被啟動後，可刺激全身免疫系統的成熟。

初乳中含有豐富並種類繁多的低聚糖（益生元），這些低聚糖可作為腸道中乳酸桿菌、雙歧桿菌等益生菌的代謝底物，促進益生菌的定植和生長，有利於嬰兒快速建立正常的腸道微生態環境。

正常腸道微生態環境的建立既有提高腸黏膜屏障的作用，有效減少外源蛋白質大分子暴露，又能很好地刺激腸道免疫系統平衡發展，能預防過敏性疾病發生。

母乳餵養的嬰兒壞死性腸炎發病率顯着低於人工餵養的嬰兒。

母乳餵養既可以顯着降低嬰兒腹瀉的發病率，也可縮短腹瀉的病程。

寶寶便便的望聞問切

大便是寶寶健康狀態的指示燈，爸爸媽媽需要學會正確觀察寶寶的大便，並瞭解一些判斷大便是否正常的簡單知識。這樣才能更好地照顧寶寶。

多聞聞寶寶的大便

寶寶大便的氣味和他的飲食有密切關係，如果寶寶消化不好，或輔食添加不合理，都可以通過大便的氣味來辨別。所以，寶寶大便後，媽媽要聞一聞。

正常大便的氣味

新生兒的胎便不臭。稍大點時，母乳餵養寶寶的大便稍有酸臭味；人工餵養寶寶的大便較臭，但不及成人大便臭。添加輔食後，寶寶大便中臭氣加重，與成人大便相似。

大便突然變惡臭

寶寶大便像臭雞蛋味，可能是蛋白質類食物未消化導致的。未添加輔食的寶寶可限制奶量1~2天。已添加雞蛋、魚肉的寶寶，應暫停添加，待大便恢復正常後，就可以正常添加輔食。

大便的酸臭味加重

可能是寶寶的飲食中含澱粉或糖食物過多，不能完全消化吸收而過度發酵引起。這時候，母乳餵養的媽媽要控制自己的澱粉或糖的攝入，已添加輔食的寶寶應減少碳水化合物攝入。

大便有嚴重的腥臭味

可能預示寶寶消化系統或內臟出現了問題，一定要及時就醫。

多看看寶寶的大便

　　如果媽媽覺得寶寶大便有些不正常，最好將大便放在光線好的地方，仔細看看大便的顏色和性狀。

正常大便的顏色和性狀

黃色或棕色，軟條狀或糊狀最健康。大便的軟硬度和寶寶的飲食和排便次數有關。母乳餵養寶寶的大便呈黃色膏脂狀；人工餵養寶寶的大便呈淡黃色、較硬。

發亮油膩的大便

寶寶攝入脂肪過多，才會導致大便發亮、油膩，甚至可以在便盆內滑動。這時最好不要給寶寶吃含脂肪過多的食物，待大便正常後再適當添加。

綠色大便

寶寶在出生 3 天內大便常呈綠色，以後若呈綠色則多因消化不良引起。

大便裏水分突然增多

像蛋花湯樣大便、水樣大便等，可能表示寶寶腸道感染了病毒或細菌，並引起了腹瀉，應及時就醫。

豆腐渣樣大便

寶寶大便裏水分雖然不多，但像豆腐渣樣不成形，說明寶寶可能感染黴菌性腸炎，應及時就醫。

果醬樣大便

寶寶大便呈暗紅色果醬樣，提示寶寶有腸套疊的問題，一定要即時到醫院檢查。

多扒一扒寶寶的大便

對於寶寶的大便，有時候光從氣味、顏色、性狀上不能完全判斷是否出了問題，媽媽需要將寶寶大便分解開，如用木棍撥開大便，看看裏面是否有問題。

正常的大便

未添加輔食寶寶的大便，呈黃色膏脂狀，裏面偶爾可見奶瓣（即白色顆粒或瓣狀物）。添加輔食的寶寶大便偶有菜葉、粟米、黃豆等不消化的食物，只要量不多就算正常現象。

未消化食物＋腹瀉

大便稀薄，含所有添加食物，少許消化或未消化的食物原形，可能是添加輔食導致的腹瀉。如果只是輕微腹瀉，大便次數增加不多、水狀不大，可減量繼續添加這種食物。如果腹瀉較嚴重，大便次數明顯增多、水性較大，應停止添加這種輔食。

大便帶血或膿

大便中帶血有兩種情況。一是血液覆於大便外面，常見於便秘，多與肛裂、痔瘡有關。解決便秘的關鍵，除了增加膳食纖維外，還可以喝些乳果糖。二是大便中有膿鼻涕樣黏液，褐色或紅色，或大便像柏油樣或暗紅，或有大便鮮血，遇到這種情況應及時就醫。

育兒專家提醒

寶寶大便內混有血液，說明小腸或直腸受損，與腸道過敏、感染有關，應及時就醫。無論因為大便有血更換配方奶粉，還是治療感染都要遵從醫生囑咐。

記一記寶寶大便次數

寶寶大便次數的改變也需要留意，媽媽要判斷寶寶大便次數和之前相比是否正常。

正常大便的次數

一般來說，母乳餵養寶寶的大便 2~7 次／日；人工餵養寶寶的大便 1~2 次／日。1 歲以後的寶寶大便次數 1 次／1~3 天。

寶寶大便次數減少

媽媽首先檢查寶寶每次的大便量，如果 1~2 天內的大便總量和之前沒有太大的區別，就不必擔心。大便次數減少，可能說明寶寶大便有些乾，不易排出。這時，媽媽可以在寶寶飲食中多加一些富含膳食纖維的食物，如粗糧、蔬菜等。

寶寶大便次數增多

媽媽首先要檢查大便中水分是否增多，如果出現水樣大便，寶寶腸道可能受到感染要即時就醫；如果大便中水分不多，只是大便偏稀，且量也不是很多，那就不用擔心，可以繼續正常飲食。

育兒專家提醒

正常寶寶的大便中水分佔 80%，有形成份 2/3 是食物殘渣，1/3 是腸道正常菌群，還有脫落的腸上皮細胞、膽色素及衍化物等。看到 1/3 細菌是不是嚇一跳？其實，這些細菌是對人體有益的乳酸桿菌、雙歧桿菌等，它們能分解食物殘渣。只有新生兒生後 2~3 天內排出的墨綠色胎便不含細菌。母乳餵養的寶寶大便中主要是乳酸桿菌、雙歧桿菌等。因為有益菌會隨着大便而流失，所以需要在 6 個月以上的寶寶的日常飲食中加入一些含益生菌的食物，但 1 歲以內寶寶嚴禁加乳製品。

洗手是預防腸胃疾病的一等衞士

對於寶寶洗手這件事兒，大家都不陌生。可以說洗手是生活中最平常的行為，卻相當重要，尤其在預防寶寶腸胃疾病上，說它最重要都不為過。如果媽媽就用水和皂液隨便給寶寶洗一下手，那很遺憾地告訴你，這樣給寶寶洗手是起不到清潔雙手、去除細菌和病毒、預防鉛污染、保護腸胃及身體健康作用的。

從培養寶寶良好習慣開始

無論寶寶幾個月，還是幾歲，都不會老老實實躺在那裏、坐在那裏、站在那裏。四處亂摸亂抓，和小朋友玩耍，摸自己的或小朋友的玩具，甚至觸摸小貓、小狗等寵物是寶寶的「日常工作」。一旦寶寶的手接觸這些玩具、寵物，其身上的病毒和細菌有可能通過以下途徑進入寶寶體內。

病菌易傳染給寶寶的行為

揉眼睛　　　　　　　　抹鼻子　　　　　　　　啜手指

病毒和細菌傳播的過程可能只有幾秒鐘，但感染一旦發生，要戰勝它將持續數日甚至更長時間。

寶寶洗手的時機

① 飯前　　　　　　　　② 如廁後

③ 戶外玩耍後　　　　　④ 接觸動物後

⑤ 用手遮擋噴嚏或咳嗽後　⑥ 接觸患者後

寶寶正確洗手方式

對於媽媽來說，培養寶寶正確洗手的習慣最重要。

① 袖口摺短

② 手心搓搓

③ 手背搓搓

④ 手指縫裏搓搓

⑤ 五指頭往下垂從上往下沖水

⑥ 關上水龍頭，拿毛巾擦手

育兒專家提醒

寶寶每次搓洗雙手 15 秒才能有效除菌。聽着 15 秒覺得很短，其實它遠比你想像得要長。找一首 15 秒的歌在寶寶洗手時播放，能調動寶寶洗手的興趣。

爺爺嫲嫲注意

有些爺爺嫲嫲為了讓寶寶身處的環境更加清潔，會在清潔寶寶餐具、玩具、衣服時使用消毒劑；外出遊玩時也經常用消毒紙巾、免洗消毒洗手液為寶寶擦手。其實這樣做過猶不及了。不僅會有消毒劑殘留的隱患，還可能使寶寶體內正常菌群受到抑制，引起胃腸道疾病。給寶寶洗手用溫水和不含抗菌物質的普通香皂即可。

均衡飲食是維護腸道健康的基石

均衡飲食是身體健康的基礎，也是維護寶寶腸胃健康的基石。為了幫助父母科學合理地餵養嬰幼兒，使每一位寶寶都能健康成長和發育，根據嬰幼兒生長發育特點，充分考慮當前嬰幼兒餵養存在的各種問題，充分汲取了近年來國內外的嬰幼兒營養學研究成果，中國營養協會發佈了《中國嬰幼兒餵養指南》。

0~6 個月寶寶餵養指南

6 個月內處於寶寶一生中生長發育的第一個高峰期，對能量和營養素的需求很高。但這時候，寶寶消化器官和排泄器官發育尚未成熟，功能不健全，對食物的消化能力及代謝廢物的排泄能力仍較低。母乳既可提供優質、全面、充足和結構適宜的營養素，滿足嬰兒生長發育的需要，又能完美地適應其尚未成熟的消化能力，並促進其器官發育和功能成熟，建議媽媽首選母乳餵養。

1 產後儘早開奶，新生兒第一口食物應是母乳。初乳富含營養和免疫活性物質，有助腸道功能發展。

2 6 個月內儘量純母乳餵養，因為母乳是寶寶最理想的食物，有利於腸道健康微生態環境建立和腸道功能成熟；但母乳不足要補充配方奶粉。

3 母乳餵養應順應嬰兒胃腸道成熟和生長發育過程，從按需餵養模式到規律餵養模式遞進，這樣有利於保護腸道健康。

4 嬰兒出生後數日開始每日補充維他命 D。不管母乳餵養，還是人工餵養，都能滿足嬰兒骨骼生長對鈣的需求，不需額外補鈣。

5 嬰兒配方奶粉是不能純母乳餵養時的無奈選擇。由於嬰兒患有某些代謝性疾病；產婦患有某些傳染性或精神性疾病；乳汁分泌不足或無乳汁分泌等原因，不能用純母乳餵養嬰兒時，選擇適合相應月齡的嬰兒配方奶粉餵養。

6 監測體格指標，讓寶寶保持健康成長。身高和體重是反映嬰兒餵養和營養狀況的直觀指標。疾病或餵養不當、營養不足會導致嬰兒生長緩慢或生長停滯。6 月齡內嬰兒應每半月測一次身長和體重，病後恢復期可增加測量次數，並選用世界衛生組織的《兒童生長曲線》判斷嬰兒是否得到正確、合理餵養。

7~24 個月嬰幼兒餵養指南

對於 7~24 個月的嬰幼兒，母乳仍然是重要的營養來源，但單一的母乳餵養已經不能完全滿足寶寶對能量及營養素的需求，必須引入其他食物，特別是富含鐵的食物，以防寶寶出現貧血。與此同時，7~24 個月嬰幼兒胃腸道等消化器官的發育、感官知覺以及認知行為能力的發展，也需要通過接觸、感受和嘗試，逐步體驗和適應多樣化的食物。從被動接受餵養轉變到自主進食，這一過程從嬰兒 7 個月開始，到 24 個月時完成。

1 繼續母乳餵養，6 個月後添加輔食。母乳仍然可以為 6 個月後嬰幼兒提供部分能量，包括優質蛋白質、鈣等重要營養素，以及各種免疫保護因子等。但 6 個月後母乳不能滿足寶寶對鐵的需求。嬰兒滿 6 個月時，為了滿足嬰兒的營養需求，要給寶寶添加輔食。同時，添加輔食還能促進寶寶感知、心理及認知和行為能力的發展。

2 從富含鐵質糊狀食物開始，逐漸添加達到食物多樣化。7~12 個月嬰兒所需能量約 1/3~1/2 來自輔食；13~24 個月嬰幼兒 1/2~2/3 的能量來自輔食，而嬰幼兒攝入的大部分鐵質來自輔食。因此嬰兒最先添加的輔食應該是富鐵質的食物，如強化鐵質的嬰兒米糊、肉蓉等。在此基礎上逐漸引入其他不同種類的食物以保證營養均衡。

3 提倡順應餵養，鼓勵但不強迫進食。隨着嬰幼兒生長發育，父母應根據寶寶營養需求的變化，感知及認知、行為和運動能力發展，順應嬰幼兒的需要進行餵養，幫助嬰幼兒逐漸達到與家人一致的規律進餐模式，且學會自主進食，遵守必要的進餐禮儀。尊重嬰幼兒對食物的選擇，耐心鼓勵和協助寶寶進食，但絕不強迫其進食。

4 1 歲前寶寶輔食不加調味品，尤其不能加添糖和鹽。輔食應保持原味，不加鹽、糖和刺激性調味品，保持淡口味。淡口味食物有利於提高嬰幼兒對不同天然食物口味的接受度，減少以後出現挑食偏食的風險，還能降低兒童期及成人期肥胖、糖尿病等風險。

5 注意飲食衛生和進食安全。選擇新鮮、優質、無污染的食物和清潔水製作輔食。製作輔食的餐具、場所要保持清潔。輔食應煮熟、煮透。製作的輔食應及時食用或妥善保存。進餐前寶寶要洗手，保持餐具和進餐環境清潔、安全。

6 定期監測體格指標，追求健康生長。適度、平穩生長是最佳的生長模式。每 3 個月一次，定期監測並評估 7~24 個月嬰幼兒的體格生長指標有助於判斷其營養狀況，並可根據體格生長指標的變化，及時調整營養和餵養方式。

2~5 歲寶寶餵養指南

　　2~5 歲寶寶生長速率與嬰幼兒期相比略有下降，但仍處於較高水準，這個階段的生長發育情況直接關係到青少年和成年期發生肥胖的風險。經過 7~24 個月期間膳食模式的過度和轉變，2~5 歲寶寶攝入的食物種類和膳食結構已接近成人，是飲食行為和生活方式形成的關鍵時期。與成人相比，2~5 歲寶寶對各種營養素需要量較高，消化系統尚未完全成熟，咀嚼能力較差，因此對食物的加工烹調方式、時間應與成人食物有一定的差異。

2~3 歲

食用油
寶寶每天應攝取 15~20 克

食鹽
寶寶每天應攝取 < 2 克

大豆
寶寶每天應攝取 5~15 克

乳製品
寶寶每天應攝取 500 克

畜禽肉類　**蛋類**　**水產品**
寶寶每天共攝取 50~70 克

蔬菜
寶寶每天應攝取 200~250 克

水果類
寶寶每天應攝取 100~150 克

穀類
寶寶每天應攝取 85~100 克

薯類
寶寶每天應適量

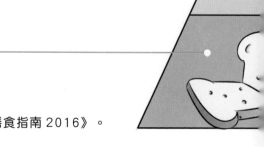

註：數據來自《中國居民膳食指南 2016》。

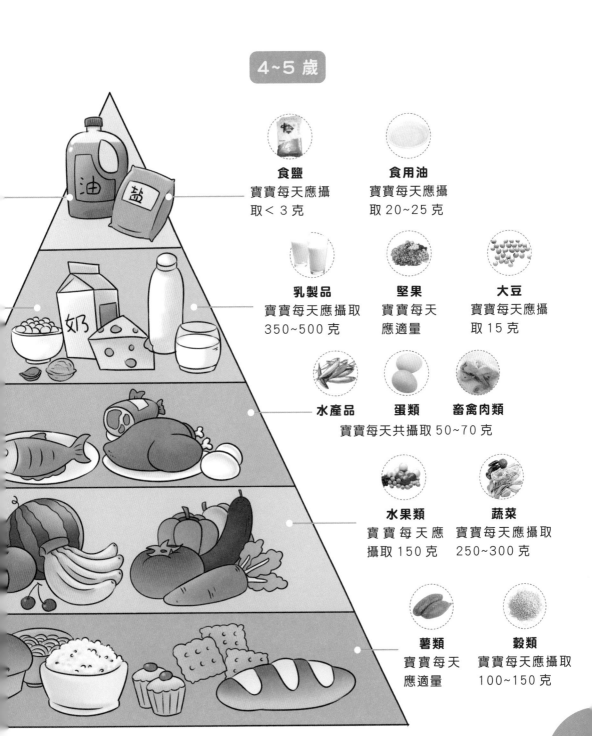

4~5 歲

食鹽
寶寶每天應攝
取 < 3 克

食用油
寶寶每天應攝
取 20~25 克

乳製品
寶寶每天應攝取
350~500 克

堅果
寶寶每天
應適量

大豆
寶寶每天應攝
取 15 克

水產品　　蛋類　　畜禽肉類
寶寶每天共攝取 50~70 克

水果類
寶寶每天應
攝取 150 克

蔬菜
寶寶每天應攝取
250~300 克

薯類
寶寶每天
應適量

穀類
寶寶每天應攝取
100~150 克

哪些輔食添加謬誤會傷害寶寶？

謬誤 1 儘早給寶寶添加輔食

有些媽媽認識到輔食的重要性，認為越早添加輔食越好，以防寶寶營養不良。於是寶寶剛兩、三個月就開始添加輔食。

殊不知，過早添加輔食會增加寶寶腸胃的負擔，因為寶寶的腸胃發育不完善，且消化腺不發達，分泌功能能差，很多消化酶尚未形成，還不具備消化輔食的能力。這樣寶寶消化不了的輔食就會滯留在腸胃中發酵，造成寶寶腹脹、便秘、積食等，也可能因腸胃蠕動增加，使寶寶大便量和次數增加，從而導致腹瀉。

只有寶寶開始對食物感興趣了，一直盯着大人吃飯，抓着食物就想往嘴裏送，或者每天喝大約 1,000 毫升奶仍顯得有些餓的樣子，才意味着可以給寶寶添加輔食了。

需要注意的是，給寶寶添加輔食前，要確保寶寶這段期間沒有腸胃異常，若有腹瀉、便秘等情況，要先緩一緩再添加輔食。

謬誤 2 第一次添輔食要吃蛋黃

很多媽媽第一次給寶寶添加輔食就選擇蛋黃，認為蛋黃營養全面，又含有豐富的鐵是不錯的選擇。其實，這是一個謬誤。蛋黃屬高蛋白、高脂肪的食物，而寶寶腸胃脆弱，攝入蛋黃很難消化，容易引起消化不良，增加腸胃負擔。所以，建議媽媽最好在 8 個月以後給寶寶添加蛋黃；1 歲以後添加全蛋。

謬誤 3 寶寶愛吃就多餵

有些媽媽看到寶寶第一次吃輔食就表現出強烈的食慾，忍不住想多給寶寶餵一些。這樣，寶寶腸胃一時不能適應而容易導致腹瀉、便秘、過敏等。其實，對於寶寶第一次吃米糊，在吃奶前先餵 1~2 小題就可以了，然後再餵奶。這樣循序漸進地添加輔食，有利於保護寶寶的腸胃。

寶寶不愛吃輔食是因為沒放調味品

有些媽媽為了讓寶寶更喜歡吃輔食，就在製作時加些調味料，結果妨礙了寶寶品嘗和享受食物的天然味道，味蕾記住了調味料的味道，時間長了，對沒有調味料的天然食物就不感興趣了。而且，寶寶腸胃功能並未發育完全，對調味料不能耐受，輔食中多加調味料會給寶寶胃腸道造成負擔。所以，寶寶 1 歲前輔食不需要添加調味料。如果寶寶拒絕吃某種新食物，可以幾天後再試試，或者將寶寶不愛吃的食物放在寶寶愛吃的食物中，混合在一起給寶寶吃。如寶寶不愛吃紅蘿蔔，可以剁碎做成小餃子給寶寶吃。

為了夜間不餓醒，睡前餵濃濃的奶

小寶寶神經系統發育尚不完善，且夜間睡醒後也不會自主入睡，需要媽媽哄睡。想到晚上要醒 3~4 次，媽媽和寶寶都很疲倦，媽媽就想怎麼才能讓寶寶晚上不醒呢？

有的媽媽在睡前給寶寶喝濃濃的奶，還有的媽媽在寶寶睡前給他吃過稠的米糊，這些做法是不對的。因為寶寶睡覺時腸胃蠕動功能本身就不是那麼活躍，睡前吃奶過濃或吃米糊過多，會讓腸胃拼命地消化這些食物，長此以往，會導致寶寶消化不良。

所以，千萬不要在睡前給寶寶喝過濃的奶或過稠的米糊，按照平時沖調比例沖奶粉即可，不需要增加濃度。對於寶寶晚上常醒，排除疾病外，也不必過於擔心。當寶寶長到一定程度，神經系統得到發育，如七、八個月後醒的次數越來越少。有的寶寶發育晚一點，2 歲以後就不會夜間吃奶了。所以，不要為了讓寶寶睡整覺，睡前餵他吃過濃的奶。

每天換着花樣添加輔食

對於稍大點的寶寶來說，這樣做是提倡的。但是，在剛開始添加輔食的一兩個月裏，建議把寶寶適應新食物當作餵輔食之目的。每添加一種新食物應適應 2~3 天，密切觀察是否出現腹瀉、便秘、皮疹等不良反應，適應一種食物後再添加另一種新的食物。

把果汁作為第一種輔食

有些媽媽認為果汁酸甜可口，把它作為寶寶的第一種輔食，寶寶一定會喜歡。這樣做是不對的。因為果汁不適宜寶寶飲用，還會刺激到寶寶尚未成熟的腸胃，容易引起腹瀉，且習慣於甜味的寶寶以後會拒絕清淡的米糊。所以，媽媽應給寶寶先添加蔬菜類的米糊。

謬誤 8 寶寶食物過敏，適應一下就好了

寶寶剛接受一種新食物時可能會出現一些不耐受的過敏反應，如腹瀉、皮疹、嘔吐等。有媽媽認為過敏是因為不適應，接着吃，慢慢適應就好了。

這是非常錯誤的。寶寶的腸胃可不是「磨煉磨煉」就變強大的。

寶寶剛開始添加輔食時，每次添加一種，發現寶寶有食物過敏症狀，最好先停止餵食，待症狀消失後過一段時間再從少量開始嘗試。

謬誤 9 寶寶喜歡吃冷飲就讓他吃

有些寶寶喜歡吃冷飲，因為不想被鬧得心煩，媽媽就會給寶寶常吃冷飲。

冷飲進入腸胃，會刺激胃黏膜而使消化酶的分泌減少，從而使消化能力減弱，影響對攝入食物中營養物質的消化吸收。嚴重的還會導致寶寶消化系統功能紊亂，使寶寶出現腹痛。

謬誤 10 營養都在湯裏

有的媽媽認為湯水的營養豐富，因此只給寶寶喝菜湯、肉湯、魚湯，甚至用湯來泡飯。媽媽的出發點是好的，但長期給寶寶吃湯泡飯，會使食物在口腔內還未嚼爛，口腔裏的澱粉酶還沒有充分消化食物就滑到胃裏，加重胃腸道負擔，甚至可能害得寶寶從小得腸胃病。

此外，湯裏的營養只有5%~10%，更多的營養是在肉裏，再怎麼煮，湯裏的營養也不如食物本身的營養多。所以，給寶寶喝湯也要吃肉，才能讓寶寶獲得充足的營養。

謬誤 11 用輔食代替母乳或配方奶粉

1 歲前寶寶的主要營養來源還是奶品，而輔食只是營養的額外補充。

6 個月後寶寶開始嘗試吃輔食，每天添加一點點米糊，米糊要沖得稀一些。6~8 個月是寶寶學習吃輔食的階段，此時寶寶要學會咀嚼和吞咽食物。8 個月以上的寶寶可以把輔食當作一頓正餐，但不要強迫寶寶吃太多輔食，更不能用輔食代替母乳或配方奶粉。

輔食攝入太多會影響寶寶胃口，容易厭食、厭奶，添加輔食應以不影響吃奶為宜。

第 2 章

腹瀉
防止脫水，
及時補水

腹瀉，是一種由多種病原、多因素引起的，以大便性狀改變和大便次數增加為特點的消化道綜合症。

寶寶腹瀉有哪些類型？

經常聽到媽媽說，寶寶又腹瀉了。腹瀉是一組由多病原、多因素引起的以大便次數增多和大便性狀改變為特點的胃腸道常見病症，也是嬰幼兒最常見的疾病之一。

遷延性腹瀉
（病程 2 周~2 月）

急性腹瀉
（病程＜2 周）

按病程分

慢性腹瀉
（病程＞2 月）

按病因分

按病情分

感染性腹瀉

細菌性腸炎

病毒性腸炎

真菌性腸炎

其他

非感染性腹瀉

過敏性腹瀉

症狀性腹瀉

食餌性腹瀉

其他

輕型腹瀉

特點：
① 胃腸道症狀
② 無脫水症狀
③ 無中毒症狀

重型腹瀉

特點：
① 胃腸道症狀重
② 脫水明顯、
電解質紊亂
③ 中毒症狀

寶寶大便偏稀是腹瀉嗎？

　　很多母乳餵養的寶寶大便偏稀，次數相對較多，但不一定是腹瀉。母乳餵養的寶寶可能每天排便 6~12 次，也可能每 3~4 天排便 1 次，只要寶寶進食、發育、情緒正常，排便不費勁，排便情況屬正常的。

　　很多媽媽看到寶寶大便偏稀就認為寶寶腹瀉了。

　　其實不一定。腹瀉是以「變稀」和「增多」為特點。判斷寶寶腹瀉並不是依據每天的排便次數和性狀，而是依據排便次數增多和大便性狀的改變狀況。

為甚麼母乳餵養的寶寶大便偏稀呢？

出現這種情況，主要是因為以下兩個因素。

1 母乳含有的低聚糖有「輕瀉」作用。

2 母乳餵養寶寶腸道中雙歧桿菌佔優勢。

所以寶寶的大便會偏稀，且次數偏多。

這不是母乳餵養的缺點，母乳餵養不僅能保證腸道健康，還能保證寶寶免疫系統成熟。

如果寶寶真的腹瀉了

每日大便十至數十次，而且便便很稀或呈水樣。	出現食慾不振、哭鬧、睡眠不安等症狀。	體重增長也會受到影響。

所以，媽媽不能僅僅靠寶寶大便偏稀就斷定寶寶腹瀉。

育兒專家提醒

寶寶出現腹瀉，媽媽要做的第一件事是留取一點大便放在塑膠瓶送到化驗所或醫院進行大便化驗，以確定引起腹瀉的原因。在確定病因之前，不要給寶寶亂用藥。

寶寶腹瀉要立即用止瀉藥嗎？

寶寶腹瀉是細菌、病菌、真菌、過敏等，對腸道黏膜刺激引起的吸收減少或分泌物增多的一種現象，它是腸道排泄廢物的一種自我保護性反應，通過腹瀉將腸道有害物質排出，所以，寶寶腹瀉並一定是壞事。

治療寶寶腹瀉不能單純止瀉，因為寶寶腹瀉時可能因過分失水造成脫水，這時候如果僅僅止瀉，容易導致腸道內細菌、病菌、毒素等滯留腸道。

如果這些有害物被腸道吸收，會對寶寶腸道造成更嚴重的傷害。

如細菌性腸炎時，腸道內的細菌會損傷腸黏膜，引起膿血便。若此時止瀉，腸道內細菌、毒素留在體內，可能引發毒血症或敗血症。

總之，寶寶腹瀉了並不一定是壞事。腹瀉雖然能排出大量體液和未被消化吸收的物質，容易造成急性缺水和營養不良，但也會排出毒素和有害細菌等。所以，寶寶腹瀉時，媽媽在不刻意止瀉的前提下，應做下面三件事。

① 注意預防和糾正脫水，可以讓寶寶喝補液鹽水。

② 針對腹瀉原因適量用藥，要遵從醫生指示。

③ 及時補充礦物質和水，如喝小米紅蘿蔔粥等。

寶寶腹瀉能否立即用抗生素？

細菌與人類是共生的關係，一個成人腸道中的細菌重量大概有 1.5 千克，如果腸道沒有細菌，那麼腸胃功能就不能發揮作用。

一個嬰兒腸道中的有益菌群相對成人少很多，服用抗生素（包括媽媽乳汁當中的抗生素）容易殺死大部分有益菌，造成寶寶腸道菌群紊亂，無法消化食物而出現腹瀉。有研究表明，嬰兒早期服用抗生素導致寶寶增加過敏、哮喘、肥胖、I型糖尿病的發病率。

此外，如果寶寶服用一些抗生素，還可能造成藥物性耳聾。

所以要遵醫囑為寶寶用藥，不能擅自用藥，可不服用抗生素就不要服用，不要把抗生素當作靈丹妙藥，動不動就「吃吃試試」。

感染性腹瀉和非感染性腹瀉區別是甚麼？

寶寶腹瀉是因為腸道受刺激，導致腸道消化吸收能力下降，排出未消化的食物。體內大量液體由身體內轉移到腸道，出現水樣便。腸道蠕動加快，導致排便次數增多。腹瀉和發熱、咳嗽一樣，是一種症狀，而不是單純的一種疾病。

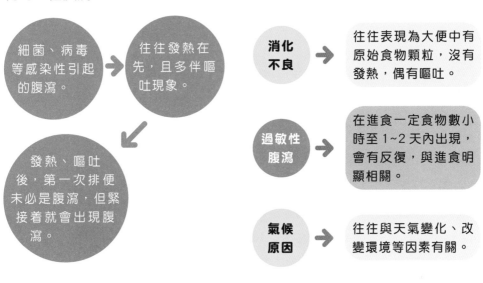

細菌、病毒等感染性引起的腹瀉。 → 往往發熱在先，且多伴嘔吐現象。

發熱、嘔吐後，第一次排便未必是腹瀉，但緊接着就會出現腹瀉。

消化不良 → 往往表現為大便中有原始食物顆粒，沒有發熱，偶有嘔吐。

過敏性腹瀉 → 在進食一定食物數小時至 1~2 天內出現，會有反復，與進食明顯相關。

氣候原因 → 往往與天氣變化、改變環境等因素有關。

細菌感染導致的腹瀉 → 大便中往往可見黏液，甚至膿血樣物質，每次排便量並不多。

病毒感染導致的腹瀉 → 往往為稀水樣大便，每次排便量很多，容易出現脫水。

食源性、氣候等非感染性因素引起的腹瀉。 → 大便檢查往往正常，調整飲食或改變環境則可糾正。

對寶寶來說，無論哪種原因引起的腹瀉，腸道黏膜都會受到損傷。非感染性腹瀉損傷相對較輕，但大便檢查也可能發現少許白血球和紅血球。

對感染性腹瀉來說，大便檢測除了較多白血球外，還有紅血球。若以紅血球為主，很可能與食物過敏等非感染性因素有關。

此外，必須辯證用藥，小心為主。

如何判斷寶寶是否脫水？

　　當寶寶出現急性腹瀉、嘔吐等時，很容易因此引起脫水。寶寶脫水的臨床表現如下圖。

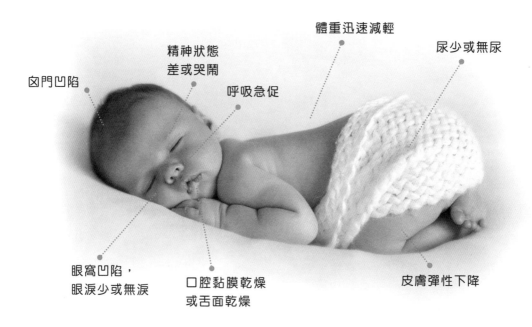

體重迅速減輕

尿少或無尿

精神狀態
差或哭鬧

呼吸急促

囟門凹陷

眼窩凹陷，
眼淚少或無淚

口腔黏膜乾燥
或舌面乾燥

皮膚彈性下降

育兒專家提醒

人們對「脫水」這個醫學名詞並不陌生，但一說到脫水，就有種驚慌失措的感覺。根據重量計算，人體內水分約佔60％。正常人通過飲水補充體液，通過出汗、流淚、排尿流失體液，並以此保持體液的平衡。當體液水準正常時，人體內血流速度穩定且有足夠的體液形成眼淚、唾液、汗液、尿液和糞便。體液不足，就出現「脫水」了。

寶寶不同程度脫水的判斷要點

	輕度	中度	重度
體液流失佔體重的比例（％）	3~5	5~10	> 10
失水量（毫升/千克）	50	50~100	100~200
精神狀態	稍差	煩躁、易激怒	嗜睡或昏迷
囟門、眼窩	稍凹陷	凹陷	明顯凹陷
眼淚	有	減少	無
口腔黏膜	稍乾	乾燥	極乾
皮膚彈性	好	差	極差
呼吸	正常	深，也可快	深和快
尿量	稍減少	明顯減少	無
休克	無	無	有

腹瀉寶寶應補鋅

世界衛生組織針對寶寶腹瀉提出了新的護理原則：腹瀉補鋅。補鋅對小兒腸結構與功能有重要作用，缺鋅可導致腸絨毛萎縮，腸道雙糖酶活性下降，而補鋅能加速腸黏膜再生，提高腸道功能，緩解腹瀉症狀，縮短腹瀉病程。

鋅是人體必需營養元素之一，寶寶缺鋅主要表現為食慾差、生長緩慢、體格矮小、免疫功能低下。

世界衛生組織的研究顯示

急性腹瀉期間，補鋅能縮短腹瀉持續時間和降低腹瀉的嚴重程度。在腹瀉後的 1~2 周補鋅，能降低病後 2~3 個月內腹瀉再次發生概率。

世界衛生組織和
聯合國兒童基金會推薦

急性或慢性腹瀉的 5 歲以下寶寶每天口服補鋅 10~20 毫克，連續服用 10~14 天。

腹瀉與鋅缺乏間的惡性循環

一些微量元素攝入不足，會增加寶寶胃腸道易感染性，尤其是鋅缺乏更容易導致腹瀉。而寶寶腹瀉時，血液中鋅會流失 13.1%，鋅隨糞便丟失也會加重。慢性或遷延性腹瀉比急性腹瀉時鋅降低更明顯。如果寶寶沒有及時補鋅，導致寶寶營養不良和腹瀉時間延長。如此一來，就在腹瀉和鋅缺乏之間形成了惡性循環。

如何為腹瀉的寶寶補鋅？

對於 0~6 歲的寶寶來說，葡萄糖酸鋅比較好吸收，可以直接給寶寶喝，也可以混合在奶中餵給寶寶，但要保證寶寶將奶全部喝完。

寶寶腹瀉時，體內鋅的流失速度很快，且量大。所以需要一種迅速又好吸收的方式幫他止瀉，讓寶寶口服補鋅劑要比食物補鋅效果更好，但要遵從醫生指示。

當然，也可以在寶寶腹瀉時和恢復期，為他準備一些富含鋅的食物作為輔助，如豬膶粥等。世界衛生組織推薦腹瀉的寶寶口服補鋅 10~14 天，以補充寶寶腹瀉時所流失的鋅，還能預防腹瀉再次發生。所以，不能腹瀉停止了就不再給寶寶補鋅，要遵從醫生囑咐堅持到最後。

爺爺嫲嫲注意

大部分爺爺嫲嫲都知道鋅是寶寶成長所需的一種營養元素，但不知道要在腹瀉期間及時為寶寶補鋅。所以，很多爺爺嫲嫲向醫生抱怨「為甚麼寶寶已經腹瀉一周還不見好轉」或「寶寶腹瀉剛好幾天，怎麼又開始了呢？」殊不知，及時補鋅即可。

腹瀉期間不能禁食，也不能錯食

有些媽媽看到寶寶腹瀉了，認為少給寶寶吃母乳或配方奶粉，就不腹瀉了。

其實，這種做法是不對的。因為如果寶寶吃不到食物，就會減少排泄量，病菌不易排出體外，腹瀉反而不容易好。所以，寶寶腹瀉期間一定要讓寶寶吃飽，讓病菌有機會排出體外。病菌排得越多，腸道損傷好得越快。所以說，寶寶腹瀉期間不能減少寶寶的奶量。

育兒專家提醒

腹瀉會破壞腸道黏液層中的乳糖酶，如果此時再吃含乳糖的配方奶粉，乳糖不僅不能被吸收，還會刺激腸黏膜再分泌體液，加重腹瀉。而腹瀉奶粉中不含乳糖，不會加重腸道負擔，還會提供充足的營養。

有些寶寶腹瀉一次會瘦很多，主要是因為水分流失和營養不足導致。出現在這種情況，主要是兩個原因：一是禁食；二是錯食，雖然吃了東西，但吃的東西不對，身體無法吸收。所以，腹瀉期間給寶寶吃甚麼還是有講究的。

寶寶腹瀉時，腸道的消化吸收能力已經減弱了，而且食物、病菌都可能傷害腸道黏膜，這樣一來，腹瀉就會越來越嚴重。如果是剛出生的寶寶腸道沒有黏液這層保護膜，他們多是吃母乳。如果是人工餵養的寶寶，就需要選擇則特殊嬰兒配方奶粉——腹瀉奶粉（俗稱止瀉奶粉）。

寶寶腹瀉有哪些危害？

寶寶腹瀉了，只要找對原因，對症治療，就能讓寶寶儘快恢復健康。但如果媽媽忽略了寶寶的護理，會給寶寶造成巨大危害。

危害 1 脫水

腹瀉會導致體內水分和電解質大量流失，嚴重時會導致脫水、低血鈣、低血鉀，甚至導致腎衰竭、昏迷、休克並有生命危險。

危害 2 嚴重感染併發症

當寶寶腹瀉嚴重時，腸道黏膜會受到損傷，腸道抵抗力下降，很容易導致腸梗阻、腸穿孔等。

哪些情況下，寶寶腹瀉需看醫生？

寶寶一旦出現以下情況，爸爸媽媽要立即帶他去醫院。

1. 寶寶月齡小於 6 個月或體重小於 8 公斤（約 17 磅）。

2. 寶寶小於 12 個月，且拒絕進食或拒絕喝水超過數小時。

3. 寶寶大便中見血或黏液；體溫超過 37.5℃，寶寶看上去狀態很不好。

4. 口服補充液補不進去或沒有效果。

5. 寶寶有嚴重腹痛症狀。

6. 寶寶有重度脫水症狀。

新生兒腹瀉

如何早發現新生兒腹瀉？

新生兒期，媽媽幾乎每天都和寶寶在一起，只要媽媽用心觀察寶寶的便便情況，很容易及早發現寶寶腹瀉的症狀。

母乳餵養的寶寶

每天大便次數多達 7~8 次，甚至達到 11~12 次，外觀呈厚糊狀，如果寶寶精神好，吃奶好，體重增長正常。

↓

寶寶大便是正常的。

人工餵養的寶寶

每天大便 5 次以上，或大便中出現像鼻涕狀的黏液，或帶膿血或含大量水分。

↓

應及時去醫院檢查治療。

腸胃免疫力低下易引起腹瀉

出生前

在媽媽無菌的子宮內生長，一般不會受到細菌及病毒的感染。

→ 給寶寶餵奶前一定要擦拭乳頭，保持乾淨，否則造成寶寶喝奶時，乳頭上的細菌傳染給寶寶。要是給寶寶餵配方奶粉的話，奶具在使用前要煮沸消毒，奶粉也要現沖現喝，剩奶就不要給寶寶喝了。此外，抱新生兒時，應先洗淨雙手，避免細菌進入新生兒的胃腸道，導致腹瀉。

出生後

外界細菌及病毒較多，加上新生兒腸胃免疫力低下，最易受細菌或病毒等感染，很容易患感染性腹瀉。

育兒專家提醒

除了媽媽不能母乳餵養外，儘量讓新生兒吃母乳，因為母乳有利於腸道健康微生態環境建立，有利於增強新生兒的腸胃免疫力。母乳餵養會起到預防腹瀉的作用，是母乳餵養的一項優勢。

餵養不當導致腹瀉

新生兒消化系統非常脆弱，如果給寶寶餵食的奶粉過濃、奶粉不適合寶寶體質、奶液過涼、奶粉加糖等都會引起腹瀉。

大便含泡沫、帶有酸味或腐爛味，有時大便中摻雜有消化不良的顆粒物及黏液。並且寶寶有嘔吐、哭鬧的症狀。

應對策略

如果新生兒腹瀉不嚴重，媽媽應及時調整奶量，在 1~2 天的時間內減少奶量，或把奶液稀釋為原來的 1/2~2/3，一般會湊效；但不能長時間稀釋，以免造成營養不良。

蛋白質過敏會引起腹瀉

有資料顯示，7%的新生兒對奶粉中的蛋白質過敏。

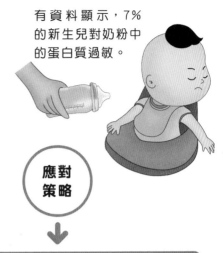

應對策略

媽媽應根據醫生的處方給新生兒選擇特殊的奶粉，即是過敏奶粉。

因蛋白質過敏引起的腹瀉多發生於人工餵養的寶寶。另外，有遺傳性過敏體質的新生兒更容易對奶粉中的蛋白質過敏。過敏性腹瀉表現為大便混有黏液和血絲，伴有皮膚濕疹、蕁麻疹、氣喘等症狀。

新生兒患有感冒等疾病會引起腹瀉

很多媽媽都不知道，新生兒感冒和大人不同，新生兒的感冒除了一般的鼻塞、咳嗽等常見症狀外，還可能伴有腹瀉症狀。

應對策略

從根本上把感冒治好，腹瀉也就自然而然痊癒了。

育兒專家提醒

應對感冒等引起的腹瀉，要避免寶寶出現脫水。母乳餵養寶寶繼續母乳餵養；人工餵養寶寶應多補充液體，要少量多次給寶寶餵水，嚴重脫水者要立即送醫院就醫。

病毒或細菌感染導致腹瀉

病毒或細菌感染導致的腹瀉，具有很強的傳染性，會在家裏和病房內傳播。

若不及時處理可出現脫水，因此要格外注意。若大便有黏液膿血，則應考慮是否為細菌性腸炎，一定要及時就醫。

其中最具代表性的是腸道輪狀病毒感染。這種腹瀉佔秋冬季小兒腹瀉的70%~80%，所以人們又把它稱為秋季腹瀉。

最顯着的特徵是寶寶大便呈黃稀水樣或蛋花湯樣、量多、無膿血，同時伴有嘔吐、發熱等症狀。

 應對策略 →

不要猶豫，立即到醫院接受治療。輪狀病毒感染可以通過疫苗預防。

奶瓶要及時消毒

奶瓶是寶寶最重要的用餐工具，如果奶瓶消毒不徹底，就會滋生細菌，引起寶寶腹瀉等腸胃疾病。每次為剛出生的寶寶沖奶都需用消毒過的奶瓶。

奶瓶必須經過高溫消毒

配方奶粉營養豐富，每次最好只沖調一次用量的奶液，避免放置時間過長導致細菌滋生。

如果寶寶吃了殘留在奶瓶中變質的奶，容易引起消化道疾病。所以，對奶瓶必須進行高溫消毒。

消毒前應清洗奶瓶

清洗奶瓶
餵奶後倒掉殘餘的奶液，用水沖洗奶瓶，倒入清洗液，用奶瓶刷把各個角落清洗乾淨，尤其是瓶頸和螺旋處。

清洗奶嘴
先將奶嘴反過來，用奶嘴刷仔細清洗。靠近奶嘴孔的地方較薄，要小心清洗，且注意清洗奶嘴孔裏的奶垢，以保證奶嘴出奶順暢。

塑膠奶瓶
＋海綿奶瓶刷

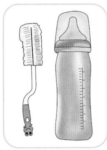

尼龍奶瓶刷
＋玻璃奶瓶

有哪些方法消毒奶瓶？

奶瓶消毒方法很多，重點是根據奶瓶質料選擇合適的消毒方法。主要有煮沸消毒法、蒸氣鍋消毒法、微波爐消毒法、專用消毒櫃消毒法。

煮沸消毒法

準備一個不銹鋼鍋，裝滿冷水，水要能完全覆蓋所有已經清洗過的餵奶用具。需注意，不銹鋼鍋為消毒奶瓶專用，不可與家中其他烹調用鍋混用。

玻璃奶瓶消毒法

奶瓶和冷水一起放入鍋中，待水煮開後放入奶嘴，煮沸 15 分鐘即可。水稍涼後，再用消毒過的奶瓶夾取出奶嘴、瓶蓋，晾乾後再套回奶瓶上。

塑膠奶瓶消毒法

待水煮沸後放入奶瓶、奶嘴、奶瓶蓋，再煮 15 分鐘即可。最後用消毒過的奶瓶夾夾起，晾乾再組裝上。

爺爺嫲嫲注意

有爺爺嫲嫲感覺消毒奶瓶非常麻煩，可以考慮「懶人奶瓶」，這種奶瓶內置一個即用即棄的一次性奶袋，用完不必消毒奶瓶，只要清洗奶嘴就可以了。

蒸氣鍋消毒法

關於蒸氣鍋消毒法具體方法如下：

① 使用前拿掉蓋子，取出配件盤、支架和奶瓶筐，然後用奶瓶取 80 毫升水倒入奶瓶盤。

② 將去掉奶嘴的奶瓶倒置於奶瓶盤，握住支架垂直放入奶瓶間內。

③ 將奶嘴放到配件盤。

④ 蓋好蓋子。

⑤ 按下開關鍵，進行消毒，大約 9 分鐘即可。

育兒專家提醒

市面上有多種功能、品牌的電動蒸氣鍋，媽媽可以依照自己的需要來選擇。消毒的方式只要遵照說明書操作，即可達到消毒奶具之目的。

微波爐消毒法

將PP聚丙烯奶瓶，清洗乾淨，裝上清水放入微波爐，打開高火10分鐘即可。但切記不可把奶嘴和連接蓋放入微波爐，以免變形、損壞。

專用消毒櫃消毒法

現在有些媽媽會給寶寶準備一台專門給寶寶消毒奶瓶、小匙、小碗、牙膠、玩具的嬰兒消毒櫃。雖然價格稍高，但這種消毒櫃使用起來比較簡單，受到很多媽媽喜歡。媽媽可以根據自己的經濟條件選擇。

腹瀉期間要注意臀部的護理

新生兒腹瀉期間排便次數較多，肛門周圍的皮膚及黏膜受刺激會更加脆弱，這時媽媽要加強臀部的護理。

① 大便後及時擦淨大便。

② 用細軟的紗布蘸水擦淨肛門周圍的皮膚。

③ 再塗些油脂類的藥膏，並及時更換尿片。

④ 寶寶用過的東西要及時清洗、消毒，並在陽光下暴曬，以免交叉感染。

腹瀉期間喝腹瀉奶粉

寶寶腹瀉期間，最好諮詢醫生是否需要換成腹瀉奶粉。因為腹瀉期間腸道黏膜受損，會使腸道黏膜上的一種消化奶製品中乳糖的「乳糖酶」受到破壞，即使平時吃母乳、配方奶粉不會出現任何問題的寶寶也容易發生乳糖不耐受的情況。如果是這種情況，要改為「腹瀉奶粉」。

育兒專家提醒

腹瀉奶粉是一種特殊的嬰兒配方奶粉，適用於因乳糖無法耐受而引起腹瀉的寶寶。這種奶粉主要是將普通奶粉中的乳糖以麥芽糊精或葡萄糖聚合物取代，且在蛋白質上做了調整。這些奶粉在營養上與其他嬰兒奶粉並無差異，是嬰兒腹瀉期可以放心食用的特殊配方奶粉。

人工餵養寶寶腹瀉如何應對？

人工餵養的寶寶一旦出現腹瀉，如果腹瀉不是很嚴重，可能是因為餵養不當所致，應及時調整奶量，在 1~2 天的時間內應減少奶量或把奶液稀釋餵養。但不能長時間稀釋，以免造成營養不良。

保持充足的睡眠和規律的作息

寶寶保證充足的睡眠和規律的作息，有利於改善和增強寶寶的免疫系統，加速新生兒腹瀉的康復。

在家該如何辦？

腹瀉期間 —— 要注意適當補充液體和補鋅。

醫生指示下，可服用益生菌。

育兒專家提醒

大人在護理腹瀉寶寶後要及時洗手，以免細菌或病毒污染別處，反復感染。另外，經醫生指示後，家長可收集寶寶的大便到醫院檢查，但不能用尿片帶糞便，因為只有帶液體的大便才能做檢查，而尿片則會吸收大便的水分。

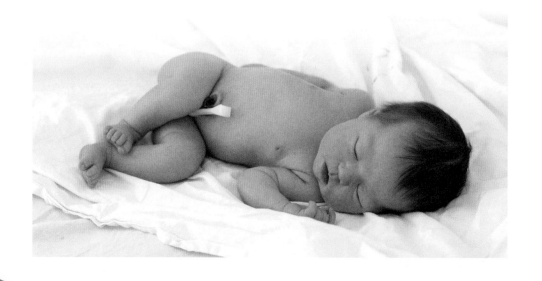

按按腹部，推推脊，增強腸胃吸收功能

如果新生兒病情不是很重，而寶寶吃藥又非常困難，媽媽可以給寶寶按摩，通過調整、改善、增強胃腸道的消化吸收功能，使腹瀉停止。

揉揉腹部，促進腸道蠕動

讓患兒仰臥床上，媽媽用一手掌面順時針方向揉摩腹部，約15分鐘，達到調整腸胃功能的作用。

推脊，調整腸胃功能

新生兒俯臥床上，媽媽由下而上推脊柱及脊柱兩側肌肉隆起處，以發熱為宜，有輔助止瀉的作用。

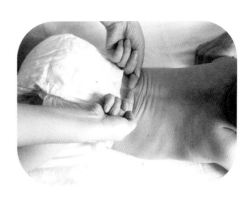

母乳餵養是預防新生兒腹瀉的好辦法

有些媽媽生完寶寶後，看見初乳很少，就給寶寶添加配方奶粉，這樣往往會導致寶寶抵觸母乳。

1. 母乳是最適合寶寶消化和吸收的理想食物，有利於增強寶寶的抵抗力，有效預防寶寶感染細菌、病毒等。

2. 母乳有利於腸道健康微生態環境的建立和腸道功能的成熟，能減低感染病毒的機會，起到預防腹瀉的作用。

3. 母乳含有多種抗體，能增強寶寶自身的抵抗力，尤其能促使寶寶腸道健康，預防寶寶腹瀉。

2~6 個月寶寶腹瀉

出現這些情況媽媽不必過於擔心

這個月齡的母乳餵養寶寶出現大便次數增多、便中混有硬塊、便中帶有少量黏液的情況，不必過於擔心。

因為母乳餵養的寶寶，這個時期通常不容易染上「秋季腹瀉」。

母乳餵養寶寶出現「稀便」怎麼辦？

母乳餵養寶寶如果進入 2 個月後出現「稀便」的情況，媽媽首先應想到是不是因為母乳分泌量增加，使寶寶喝奶量增多造成的。

這時，媽媽可以測量一下寶寶的體重，如果原來每 5 天增加 150 克，而現在變為 200 克，說明這可能是母乳增加引起的。所以，媽媽這時候注意不要喝太多催乳湯，正常飲食即可。慢慢地，寶寶的大便次數就會隨之減少。

給寶寶測量體重時，應脫去鞋子、襪子，摘掉帽子，在寶寶空腹狀態下進行，否則結果會有誤差。

人工餵養寶寶極少出現腹瀉

只要奶瓶、奶嘴嚴格消毒，人工餵養寶寶於這個月齡出現腹瀉的概率比較小。

沒有發熱的跡象 ＋ 精神狀態好 ＋ 偶爾有便稀

可能是配方奶沖調不合理導致，只要按照配方奶粉外包裝說明沖調，慢慢地，寶寶的大便就正常了。

甚麼情況下需到醫院檢查大便？

如果寶寶出現以下的情況，應帶寶寶到醫院就醫。

住處附近流行痢疾

大便發現血或膿

去醫院

媽媽患了痢疾，1~2 天後寶寶也會出現腹瀉的情況

6~7 個月寶寶腹瀉

消化不良與腹瀉的關係

這個月齡所說的「腹瀉」，是寶寶消化不良的別稱。

母乳餵養的寶寶，平時大便總是不成形，偶爾還會混有一些小顆粒或黏液，媽媽已經習以為常，認為母乳餵養的寶寶大便就該這樣。人工餵養的寶寶，大便一般較硬，且成條狀。突然出現水樣便時，媽媽就會想到腹瀉，立即帶寶寶去醫院。這時就給出了「消化不良」的病名，其實，寶寶的腹瀉不一定都是病，且 6~7 個月的寶寶幾乎沒有大病，多數情況下是小題大做，讓寶寶遭受不必要的痛苦。

實際上，一直堅持母乳餵養的寶寶，已經適應了媽媽的母乳，一般不會出現腹瀉。

腹瀉的原因及特點

這個時期的寶寶腹瀉大致可分為兩種。

1 **由細菌、病毒引發**

會出現發熱、精神不佳、不想吃奶、吐奶等全身症狀。

2 **由飲食（吃多了和沒吃飽）引發**

大便的形狀和以前有所不同，除此之外，寶寶不發熱、沒有氣色改變，和以前一樣愛吃東西。

由此可知，只憑寶寶大便形狀的改變，不看寶寶的整體狀況，就判斷寶寶消化不良，是錯誤的。所以，寶寶是否有問題，媽媽主要看飲食和精神兩種因素。

當媽媽看到寶寶大便變稀時，首先確認自己給寶寶吃的配方奶粉或輔食是否有衛生問題，如果沒有問題，就要仔細觀察寶寶的狀態。

若寶寶和以前一樣精神，愛活動、愛吃飯，體重增長理想，就不必擔心。

怎樣找出寶寶腹瀉的原因？

媽媽平時一直給寶寶餵吃 10 克馬鈴薯蓉，而昨天因寶寶特別想吃就餵了 30 克。

↓

這可能就是腹瀉的原因，今天就不要再餵 30 克馬鈴薯蓉，而應只餵 10 克。

媽媽如果給寶寶餵了他以前從沒有吃過的番茄或紅蘿蔔後，第二天發現寶寶的大便裏混有番茄或紅蘿蔔，且水分較多。

↓

說明寶寶腹瀉的原因就是番茄或紅蘿蔔，今天就暫時不要餵，可以過幾天再試，且減少一半份量。

爺爺嫲嫲注意

當寶寶因大便次數增多而停止餵輔食後，寶寶腹瀉仍不見好轉，應儘快就醫，排除疾病引起的腹瀉後，要儘快恢復正常飲食。

飲食不足導致腹瀉

飲食過量會引起腹瀉，這個眾所周知。然而，飲食不足也會引起腹瀉，這卻是常被大家忽視的。

開始時，媽媽會將大便變稀當作消化不良進行治療。同時，把寶寶一直吃的米粥、麵條等輔食全部停餵，改為母乳或配方奶粉，可是稀便還是不能成形。這就是「飢餓性腹瀉」，現在稱為慢性非特異性腹瀉。對此不必擔心，只要逐漸加強營養、改善餵養方法、增加輔食即可好轉。

不過，餵米湯、麵條等是不會起作用的，因為不攝入脂肪，腸道就無法恢復正常功能，進而大便也不利於成形。所以，還是要餵寶寶吃些肉蓉等，增加脂肪的攝入。

寶寶因營養不足而不停哭鬧，體重也相應減輕。在這種情況下，媽媽怕寶寶營養不良，給寶寶注射葡萄糖等營養補充劑。

實際上，媽媽的做法對寶寶來說簡直就是一場災難。這明顯就是「飢餓性腹瀉」，所以當寶寶大便次數增多而停止餵輔食的話，腹瀉是不會有好轉的，這時應按月齡適當增加各種輔食。如米湯、豬膶瘦肉粥、薏米粥等，很快寶寶的腹瀉就會好轉。

育兒專家提醒

當家人出現腹瀉或在痢疾流行期，寶寶出現腹瀉且無精打采時，應就醫排除痢疾。此外，日常護理中應多喝水、護理臀部、保護腹部等，如疑似痢疾應及時就醫。

蒸蘋果

適合年齡
6 個月以上

 止瀉

材料

蘋果 1 個

做法

1 蘋果洗淨，對半切開，去核。

2 蘋果切成均勻的小塊放入碟內，用大火蒸 5 分鐘即可。

對寶寶的好處

蘋果切塊蒸，可以在短時間蒸熟，如果不喜歡切塊，可以整個蘋果蒸熟，然後用小匙刮着餵給寶寶。

肉蓉

適合年齡
6 個月以上

 補充蛋白質，促進大便成形

材料

豬瘦肉 30 克

做法

1 豬瘦肉洗淨；鍋置火上，加適量水，放入豬肉煮熟，肉湯留用。

2 將煮熟的豬肉切成小丁，放入缽內搗成肉蓉，加少量肉湯攪拌均勻即可。

對寶寶的好處

豬瘦肉富含優質蛋白，做成肉蓉給寶寶食用能補充蛋白質、脂肪，促進大便成形。

7~8 個月寶寶腹瀉

輔食添加適當，引起的腹瀉很少發生

寶寶 7 個月，已經逐漸適應了輔食，且能吃食物的種類也增多了，寶寶的腸胃功能得到鍛煉，因此，因輔食添加不當引起的腹瀉就很少發生了。

輔食添加過多導致的腹瀉，該怎麼進食？

因輔食吃得過多導致的腹瀉，寶寶既不發熱也沒有情緒上的變化，只有在大便中會出現沒有消化的原始物。這種情況只要出現一天，就要把寶寶的飲食量限制在平時的八成，一般腹瀉就會恢復。

夏季腹瀉應防止脫水

夏季腹瀉，不一定全是由細菌引起，也可能由各種不同的病毒引起的。細菌引起的腹瀉較少，一般服用抗生素就可以治癒。要提醒的是，寶寶服用抗生素一定要遵從醫生囑咐。寶寶不發熱、精神狀態好，且病程不長，這時要防止寶寶脫水，可以給寶寶喝些米湯、掛麵湯等，同時母乳、配方奶粉的量要比之前有所減少。

夏季腹瀉應儘快就醫

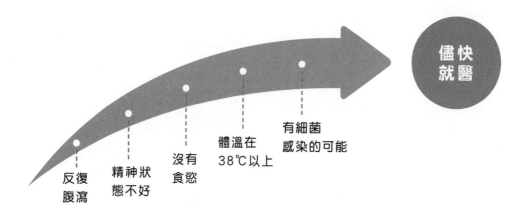

反復腹瀉　精神狀態不好　沒有食慾　體溫在38℃以上　有細菌感染的可能　儘快就醫

蔬菜米糊

適合年齡
7 個月以上

✖ 補充多種維他命

材料

紅蘿蔔、小白菜各 20 克，嬰兒米糊粉 20 克

做法

1 紅蘿蔔、小白菜分別洗淨，切碎，放入沸水煮約 3 分鐘。

2 待水稍涼後，濾出青菜湯，將菜加入嬰兒米糊粉攪勻即可。

對寶寶的好處

紅蘿蔔、小白菜富含的維他命，能補充因腹瀉排出的維他命，維持寶寶身體健康。

掛麵湯

適合年齡
7 個月以上

✖ 補充水分

材料

雞蛋掛麵 30 克

做法

1 鍋內放水置於火上，燒開。

2 加入掛麵煮熟麵條，舀湯，放溫即可餵給寶寶。

對寶寶的好處

掛麵湯容易消化吸收，營養豐富且含水分多，腹瀉寶寶常喝，可以預防脫水。

8~9 個月寶寶腹瀉

很少因細菌引起的腹瀉

這個月齡的寶寶腹瀉和以前大不相同，由細菌引起的腹瀉已經很少見。夏季裏，除了家裏大人患腹瀉引發寶寶腹瀉的情況外，基本不用考慮是由細菌引起的（細菌引起的腹瀉，一般情緒都不好，有時還發熱）。

飲食過量引起腹瀉怎麼辦？

寶寶前一天吃得過多，第二天出現腹瀉，多是飲食過量導致，一般不用擔心。

這時給寶寶禁食也是不對的。

如果寶寶想吃，可以給寶寶做容易消化的輔食，有助恢復體力，促進身體恢復健康。

育兒專家提醒

有些媽媽儘管知道寶寶是因為飲食過量導致腹瀉，但為了慎重起見，往往會帶寶寶就醫，孩子反而容易被傳染。寶寶儘管不發熱、食慾又好，精神狀態也佳，但每天都要排 3~4 次不成形的便，這種情況除了過量飲食造成外，「胃腸型感冒」也能引起，應引起重視。

腹瀉治療總不見好

寶寶腹瀉了，怎麼治都不見好，多是因寶寶腹瀉後，控制了飲食量，給寶寶吃的量少，且輔食營養價值低導致的。在腹瀉恢復期後 2~3 天左右，寶寶可按正常飲食量進餐。

寶寶常吃流質食物，大便會成形嗎？

很多媽媽認為，腹瀉期的寶寶應以流質食物為主，其實是不對的。這種情況下的腹瀉，可能是流食對腸道形成了異常的刺激，也可能是飲食中蛋白質、脂肪不足導致。在急性腹瀉期，可給患兒餵稀粥、稀藕粉、稀麵糊等流質飲食。在腹瀉好轉期，應吃些易消化及營養豐富的流質或半流質食物，如爛麵條、蒸蛋、瘦肉蓉等，少食多餐。

育兒專家提醒

這個時候測量寶寶的體重很重要。在恢復以前飲食的過程中，即使仍然有腹瀉，但只要體重呈增加趨勢，就說明營養狀況良好。

山藥蘋果蓉

適合年齡
8 個月以上

紅蘿蔔小米糊

適合年齡
8 個月以上

 防止腹瀉

✖ 防止腹瀉

材料

山藥 50 克，蘋果 30 克

材料

小米 25 克，紅蘿蔔 30 克

做法

1　山藥去皮，洗淨，切塊後蒸熟；蘋果洗淨，去皮和果核，切成小塊。

1　將山藥塊和蘋果塊放入攪拌機，攪拌蓉狀即可。

做法

1　小米淘淨，熬成小米粥，取上層的米湯，待涼；紅蘿蔔去皮、洗淨，切塊，蒸熟。

2　紅蘿蔔搗成蓉，與小米湯混合，攪拌均勻成糊狀即可。

對寶寶的好處

蘋果富含果膠、蘋果酸、維他命等，搭配山藥一起食用，有防止腹瀉的效果。

對寶寶的好處

紅蘿蔔所含的揮發油起到促進消化和殺菌的作用，可減輕腹瀉和小兒胃腸負擔。臨床觀察表明，在給腹瀉患兒餵食紅蘿蔔蓉時，適量喝點小米湯，可大大減少腹瀉的次數。

9~11 個月寶寶秋季腹瀉

秋季腹瀉的高發月齡

每年的 11 月末到翌年的 1 月份，醫院的兒科都會坐滿因「上吐下瀉」而精神不振的寶寶。從月齡來看，多為 9~18 個月的寶寶。

還沒有想出寶寶吃了甚麼特別或變質的食物，寶寶就突然把吃進去的東西吐出來了，而且很嚴重，不管是母乳、配方奶粉、輔食，還是開水，過 2~3 分鐘就出來了。接著就開始腹瀉，大便像水一樣，寶寶每天 5~6 次，嚴重的可達 12~13 次。這樣上吐下瀉，寶寶全身疲倦無力，體溫較高（一般為 38~39.5℃）。

寶寶一般沒有咳嗽、鼻塞、打噴嚏等感冒症狀，即使有，也很輕。也許因為腹痛的原因，寶寶總是哭，讓媽媽抱，如果是 18 個月的寶寶，有的會說肚子痛。

嘔吐一般在 1 天內停止，也有持續到第 2 天午後，但持續 3 天以上比較少見。

若腹瀉遲遲不止，即使起初的熱退下來了，像水一樣的白色或檸檬色大便還會持續 3~4 天，時間稍長，大便就變成了質地均勻的有形便，而並不是黏液；也有寶寶過了 1 周，大便仍不成形。

以前從沒有發生過腹瀉的寶寶，由於是第一次，媽媽會急得不知如何是好，感到非常害怕，立即帶寶寶去醫院看病。其實沒有這麼嚴重，媽媽可準備調節電解質平衡的低滲口服補液鹽。寶寶如果吃母乳就餵母乳，開始餵進去也可能會吐出來，沒關係，在不吐的間歇讓寶寶喝進去。

如果吐得較嚴重，持續腹瀉，寶寶舌頭乾燥，皮膚抓一下成褶皺，且不能馬上恢復原來狀態，這說明出現脫水。這時只靠給寶寶餵水是不行的，需要去醫院診治。

在家裏觀察寶寶，尤其是母乳餵養時，可以從寶寶吃奶的樣子瞭解寶寶的食慾情況。一般從第 2 天開始餵點小米紅蘿蔔湯，可給一些腹瀉配方奶粉和粥、麵條。不過，即使寶寶精神狀態轉好了，大便也不會馬上成形。在家裏一般需要 7~10 天可以恢復健康。

精力充沛的寶寶，即使腹瀉也不願意休息，這種情況下不必勉強寶寶睡覺。

媽媽只注意寶寶的大便，給寶寶餵母乳或配方奶粉是不對的，因為不給寶寶吃其他食物，也不利於寶寶恢復健康。只有恢復吃原來的輔食，才可能促使大便正常。

秋季腹瀉要用抗生素嗎？

有些媽媽一看到寶寶腹瀉，立刻用抗生素。實際上，秋季腹瀉是由輪狀病毒引起的，理論上沒有必要用抗生素。因為輪狀病毒可能傷害腸道黏膜，造成黏膜損傷，所以，大便常規檢查除可查出輪狀病毒抗原陽性外，還可能發現少量白血球和紅血球。不要因為大便有少量白血球、紅血球就用抗生素，以免造成在輪狀病毒感染基礎上又出現抗生素相關性腹瀉，延長病程。

出現上述情況，如媽媽給寶寶吃抗生素，大便檢查後顯示是輪狀病毒感染。為甚麼給寶寶用抗生素？媽媽理直氣壯地說，「為了消炎」。這位媽媽非常有代表性，不知道抗生素只針對細菌或一些特殊微生物感染，對病毒是沒有作用的。而大量、頻繁地使用抗生素，會導致寶寶腸道內正常菌群失衡，腸道有害菌增多，腸黏膜屏障完整性受損。所以，媽媽別再盲目給寶寶用抗生素了。

自製液體給寶寶補水

寶寶腹瀉了，要給予充足的液體補充，以免出現脫水。寶寶不吐時，想辦法讓寶寶多喝水。媽媽可以採取以下兩種方法。

口服補液鹽（ORS）補水方法

如果寶寶出現輕微腹瀉並伴有嘔吐，可依醫生指示，將口服補鹽液加到寶寶的飲食中。

口服補鹽液估計攝入量

年齡	每次稀便後補充量（毫升）
＜6個月	50
6個月~2歲	100
2~10歲	150
10歲以上	能喝多少就喝多少

註：本數據來自2016新版《中國兒童急性感染性腹瀉病臨床實踐指南》。

如果寶寶不喜歡口服補液鹽的味道，可以給寶寶喝點蘋果汁。

喝的時候拌入白開水，既能保證水分攝入，還能補充電解質。

此外，蘋果汁的糖分不是乳糖，不會加重寶寶腸道負擔。

餵流質和易消化的食物

寶寶腹瀉期間，除了餵奶外，還可以餵些米湯等流質食物。待嘔吐停止後，寶寶如果有食慾可以添加一些易消化的輔食，如大米粥、麵條湯等。不能因為寶寶腹瀉就只給寶寶餵奶，這樣也不利於大便成形，還可能導致寶寶營養不良。

怎樣預防寶寶臀部潰爛？

頻繁的腹瀉，如不注意臀部的護理，容易使寶寶臀部潰爛，媽媽需要特別注意臀部的護理。

1 每次排便後，用淋浴或坐浴的方法沖洗臀部。

2 最好使用乾爽的棉布或紗布擦臀部，不要用濕紙巾用力擦拭臀部。

3 在清潔後，要塗抹護膚膏。

腹瀉感染期應遠離感染源

在秋季腹瀉傳染期，寶寶應遠離感染源，不要到人多的商場、超市、遊樂場等地方，防止交叉感染。

口服輪狀病毒疫苗，有效預防腹瀉

預防輪狀病毒感染最有效的方法就是口服輪狀病毒疫苗。

有些媽媽擔心輪狀病毒疫苗是否能起作用。其實，口服輪狀病毒疫苗是針對輪狀病毒感染的疫苗，服用疫苗後會大大降低感染輪狀病毒的機會，但不能做到 100% 預防。不過疫苗接種後，即使出現輪狀病毒感染，病情也會較輕，病程較短。

此外，輪狀病毒也可能通過大人傳染。所以，大人要注意衛生，如勤洗手，回家換衣服等。

注意事項	詳細解釋
接種對象	主要是 6 個月 ~5 歲嬰幼兒。
接種方法	直接餵嬰幼兒，每人每次口服 3 毫升，切勿用熱水送服。
禁忌及注意事項	有以下症狀和疾病的患兒禁用： ① 患急性或慢性感染者。 ② 患急性傳染病及發熱者。 ③ 先天性心血管系統畸形患者、腎功能不全者、血液系統有問題者。 ④ 過敏體質、嚴重營養不良者。 ⑤ 腸胃功能紊亂者。 ⑥ 有免疫缺陷和接受抑制治療者。
備註	① 接種過其他疫苗者，應間隔 2 周以上才接種此疫苗。 ② 不能用熱水送服，否則會影響疫苗免疫效果。 ③ 本疫苗是口服疫苗，嚴禁注射。

三角麵片

適合年齡
9 個月以上

✖ 補充水分

材料

小雲吞皮 20 克，青菜 10 克

做法

1　小雲吞皮沿對角線切兩刀，成小三角狀；青菜洗淨，切碎。

2　水煮開，放入三角麵片，煮熟，放入青菜碎，煮至沸騰即可。

對寶寶的好處

三角麵片湯口味清淡、口感軟嫩，有助於寶寶消化吸收，適合腹瀉寶寶補水。

大米粥

適合年齡
9 個月以上

✖ 促進身體恢復

材料

大米 30 克

做法

1　大米洗淨，用水浸泡 30 分鐘。

2　鍋內倒入適量水燒開，放入大米用大火煮沸，再轉小火煮至大米軟爛。

對寶寶的好處

大米粥容易消化，常給寶寶食用有利補水。此外，大米粥還含有豐富的碳水化合物，能促進寶寶身體恢復。

11~12 個月寶寶腹瀉

快滿周歲的寶寶腹瀉，因季節不同，治療的方法也不同

6~9 月

突然腹瀉，有點發熱，情緒不太好，寶寶同時出現以上情況，媽媽首先應考慮的是不是寶寶食物中混入了痢疾桿菌、病原性大腸桿菌等，且應及時就醫。

總之，夏季的腹瀉應給予重視，以保證寶寶安全。

11 月末 ~ 翌年 1 月末

寶寶腹瀉，伴有反復嘔吐，首先應考慮是「秋季腹瀉」（見 62 頁）。如果因不知道這種病而不予理會，寶寶長時間持續腹瀉後果非常嚴重。

平時患腹瀉，多是因為吃多了或吃了未吃過的食物導致的。在大便稀軟時，給寶寶吃些清淡的粥，一兩天即可痊癒。

不過，即使懷疑因吃多了或吃了不易消化的食物而引起腹瀉，如果伴有嘔吐、發熱、沒精神、食慾不好、膿血便等症狀，應及時就醫。

有的寶寶完全沒有過食、吃了不易消化的食物等情況，也發生了腹瀉，有不少是由病毒引起的。給寶寶做輔食，徹底消毒只是預防的一個方面，病毒從鼻子侵入人體則是防不勝防，所以增強寶寶的抵抗力很重要。

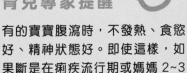

育兒專家提醒

有的寶寶腹瀉時，不發熱、食慾好、精神狀態好。即使這樣，如果斷是在痢疾流行期或媽媽 2~3 天前患了痢疾，也要去醫院。

寶寶便便總是稀稀的，是因為吃得過硬嗎？

有些寶寶的便便總是稀軟的，媽媽認為這是寶寶吃得過硬導致，就只給寶寶餵煮得很軟的輔食。

大便還是一直呈稀軟狀，但寶寶精神狀態很好，其實這種稀軟的便通常是因為寶寶總吃不飽導致的。

這時，媽媽只要給寶寶恢復正常飲食，餵稠一點的粥，慢慢向米飯過渡。輔食中吃些蛋黃、肉碎、魚，大便就會逐漸成形。

南瓜軟飯

適合年齡 11 個月以上

🍴 養護脾胃

材料

南瓜 20 克，大米 25 克，白菜葉 10 克

做法

1. 南瓜洗淨，去皮和瓤，切成小塊；白菜葉洗淨，切碎；大米洗淨，浸泡 30 分鐘。

2. 大米放入電飯煲，加水煮至沸騰時，加入南瓜塊、白菜葉碎，煮至稠爛即可。

> **對寶寶的好處**
>
> 南瓜性溫，寶寶常食對脾胃非常有利，還能增加膳食纖維，有利於大便成形，輔助止瀉。

鮮湯小餃子

適合年齡 11 個月以上

🍴 促進大便成形

材料

小餃子皮適量，肉碎 20 克，紅蘿蔔 30 克

調味料

雞湯少許

做法

1. 紅蘿蔔洗淨，切碎，與肉碎混合製成餃子餡。

2. 餃子皮放在手心，把餃子餡放在中間，捏緊即可。

3. 鍋內加適量水和雞湯，大火煮開，放入餃子，加蓋，煮開後揭蓋，加入少許涼水繼續煮，煮開後再加涼水，如此反覆加 3 次涼水後煮開即可。

1 歲～1 歲半寶寶腹瀉

可能會發生秋季腹瀉

這個年齡段的寶寶到了 11 月份，可能會發生秋季腹瀉。這是一種多發病，媽媽要做好思想準備。瞭解此病的症狀、處理方法（詳見 70 頁）。

腹瀉期間，想吃甚麼就吃甚麼？

與周歲前的寶寶相比，這時腹瀉持續時間會更長。

寶寶可能會有噁心的情況，也要一點點地給寶寶餵水，以寶寶喜歡吃、常吃的食物為主，這是加快腹瀉恢復的竅門。

如果寶寶情況嚴重，需要禁食，也不要太長時間，否則不利於大便成形，且對其他疾病的抵抗力也會減弱，不利於寶寶的健康。

遇到夏季腹瀉該怎麼辦？

夏季
腹瀉

如果寶寶和大人一起在家裏吃飯卻只有寶寶腹瀉。	如果寶寶和大人都腹瀉，要考慮是細菌感染性腹瀉。
沒甚麼大問題	應及時就醫

若寶寶腹瀉伴有發熱，媽媽的應急措施要充分補充水分，就醫前不要吃東西。

育兒專家提醒

如果寶寶腹瀉，但寶寶精神狀態好，也不發熱，可以將飯換成粥給寶寶吃。但如果寶寶發熱又沒有精神，就馬上就醫。

寶寶腹瀉期間，給寶寶愛吃的食物（一些特別的食物除外，如冷飲），儘量讓寶寶保持愉悅的心情，有利病情康復。

緩解腹瀉食譜推薦

炒米粥

適合年齡
11 個月以上

 止瀉、促進消化

材料

大米 30 克

做法

1. 大米放到鐵鍋，用小火炒至米粒稍微焦黃。

2. 鍋置火上，加適量水燒開，放入炒米，煮至粥爛即可。

對寶寶的好處

如果寶寶比較小，也可以把做好的粥放入攪拌機打成糊狀餵給寶寶，止瀉效果非常好。

藕粉桂花糕

適合年齡
1 歲以上

補充營養

材料

藕粉 50 克，麵粉 60 克，桂花 10 克，酵母 1 克，乳酪適量

做法

1. 酵母、乳酪一起攪拌均勻，加入桂花和藕粉調勻。

2. 倒入麵粉，調成麵糊，倒入容器內，用保鮮紙蓋好，發酵後蒸 30 分鐘即可。

對寶寶的好處

麵粉富含豐富的碳水化合物，藕粉容易被寶寶消化吸收，此糕可以為寶寶健康成長提供足夠的營養。

1 歲半 ~3 歲寶寶腹瀉

病毒引起的腹瀉如何調養？

以前一說到 2~3 歲寶寶腹瀉，一般是指痢疾桿菌或大腸桿菌導致。但近年來，這種由細菌引起的腹瀉大大減少，由病毒引起的腹瀉逐漸增多。所謂的「消化不良」或「着涼」等引起的腹瀉，在大便檢查中也會發現病毒。

對於病毒引起的腹瀉，除了秋季腹瀉外，大多不會出現嚴重症狀，不發熱、大便稀軟最多 2 天就好了。

方法

讓寶寶禁止吃米飯 1 天，只吃粥、喝湯等，用熱水袋敷在寶寶腹部，一般很快就好了。

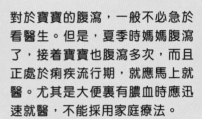

育兒專家提醒

對於寶寶的腹瀉，一般不必急於看醫生。但是，夏季時媽媽腹瀉了，接着寶寶也腹瀉多次，而且正處於痢疾流行期，就應馬上就醫。尤其是大便裏有膿血時應迅速就醫，不能採用家庭療法。

爺爺嫲嫲注意

如果寶寶吃得多了，第 2 天發生腹瀉，且大便裏留有殘渣，這是食物吃得過多導致的腹瀉，不必過於擔心。

緩解腹瀉食譜推薦

紅蘿蔔熱湯麵

適合年齡

1 歲以上

🍴 健脾胃、緩解腹瀉

材料

麵條 25 克，紅蘿蔔、豆腐各 20 克，菠菜 15 克

調味料

鹽 1 克，蒜末少許

做法

1　菠菜洗淨，切段；紅蘿蔔洗淨，去皮，切片；豆腐洗淨，切片。

2　鍋內下油燒熱，爆香蒜末，放入紅蘿蔔片翻炒。

3　然後加入適量水燒開，放入麵條煮熟，放入菠菜段和豆腐片後，煮開即可。

3~6 歲寶寶腹瀉

寶寶腹瀉不能簡單認為吃多了，或吃了不消化的食物

有些媽媽認為寶寶吃多了就會腹瀉。如果寶寶腹瀉前多數會嘔吐，這就不僅僅是吃多了。

有些媽媽認為吃了不好消化的食物會腹瀉，其實吃了不消化的食物有時候是因為腹瀉未消化就便出來了。

因此，對於寶寶的腹瀉，不能簡單地認為是吃多了或吃了不消化的食物。

腹瀉原因有哪些？

如果寶寶腹瀉發生在 6~9 月份，首先要考慮是痢疾桿菌、大腸桿菌等感染導致的。當寶寶腹瀉伴有以下症狀，應及時就醫。

腹瀉的寶寶多少有些發熱	排便中帶膿	排便前喊腹痛，總覺得寶寶沒精神

尤其是最近有痢疾流行，或媽媽在兩三天前曾患了痢疾，這時寶寶感染細菌性痢疾的可能性更大。

此外，夏季腹瀉和冬季腹瀉的症狀和治療方法也不同。

如果寶寶腹瀉發生在夏季，不能隨便在家裏治療，要去醫院，治療過程一定要遵從醫生囑咐。

如果寶寶腹瀉發生在冬天，多是由病毒引起的，開始時偶有噁心、嘔吐的症狀，多需要通過化驗糞便確診。

通過糞便診斷疾病，必須由醫生來進行。如果便中帶膿血要考慮痢疾，如果便中不帶膿血，醫生也不好判斷，這時就必須到醫院檢驗科檢查大便，才能確診。

腹瀉弄髒衣褲如何處理？

當寶寶腹瀉時，常會來不及上洗手間就把內褲弄髒。

處理這些內褲時，要把它們當成傳染物對待，髒衣服和手要用消毒液消毒。

此外，患細菌性腹瀉時，要遵從醫生囑咐處理。

給寶寶及時補充水分

對於腹瀉的寶寶，最重要的是給寶寶補充充足的水分。

由病毒引起的寶寶腹瀉、噁心不會持續很長時間，但補水很重要。

最開始給 1 杯（約 200 毫升）水，注意少量多次，逐漸增加。

水可以是白開水，也可以是果汁，但儘量讓寶寶喝白開水。

只要寶寶攝入了水分，其他營養即使一兩天暫未攝入，也沒有太大關係。

寶寶飲食應注意甚麼？

只要腹瀉寶寶能充分地攝入水，食慾就會慢慢好起來。

最開始給寶寶喝點熱奶，喝點粥，可以加些雞蛋等。

第 2 天開始給寶寶吃麵條等。

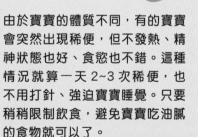

育兒專家提醒

由於寶寶的體質不同，有的寶寶會突然出現稀便，但不發熱、精神狀態也好、食慾也不錯。這種情況就算一天 2~3 次稀便，也不用打針、強迫寶寶睡覺。只要稍稍限制飲食，避免寶寶吃油膩的食物就可以了。

蛋黃粥

適合年齡
1 歲以上

 補充營養

材料

大米 30 克，熟蛋黃 1 個

做法

1. 大米洗淨，用水浸泡 30 分鐘，放入鍋內，加入清水，用大火煮沸，再轉小火熬至粥黏稠。

2. 將熟蛋黃放入碗內，壓碎後加入粥鍋內，同煮幾分鐘即可。

> **對寶寶的好處**
>
> 寶寶腹瀉後會流失大量的營養，蛋黃營養豐富，適合腹瀉的寶寶食用。

紅蘿蔔豬膶麵

適合年齡
1 歲以上

止瀉、補血、明目

材料

紅蘿蔔 50 克，豬膶 20 克，顆粒麵 1 小把，白菜 30 克

調味料

葱花、薑片、生抽各適量

做法

1. 豬膶洗淨，切片；紅蘿蔔洗淨，切小丁；白菜略燙至變色，撈出切碎。

2. 鍋內燒水，加入葱花和薑片少許，下豬膶煮熟，涼後切末。

3. 鍋內加水燒開，加入顆粒麵、紅蘿蔔丁，煮至快熟時，倒入豬膶碎和白菜碎，加生抽調味即可。

寶寶腹瀉常見問題

Q：寶寶腹瀉期間還能接種疫苗嗎？

A： 寶寶腹瀉期間最好不要接種疫苗，尤其是不能接種口服疫苗，如口服輪狀病毒等疫苗。

此外，如果寶寶接種疫苗後出現嚴重腹瀉，或全身出現嚴重皮疹等，應及時與當地預防接種部門聯繫。

Q：寶寶腹瀉了，需要做檢查嗎？

A： 寶寶腹瀉一般不需要特別做檢查，最多做一個大便常規化驗。當然有的醫生會做一些病原性的檢查，如大便驗出來有沒有輪狀病毒等，這個也就是讓診斷更準確。大便如果看起來黃黃的、水水的，裏面沒有血絲或鼻涕樣東西，且寶寶沒有發燒，可能是病毒感染引起的。如果寶寶發燒很厲害，懷疑患痢疾，會做一些大便培養的檢查。如果脫水很明顯的話，醫生也會抽血做檢查，查一下電解質水準。

Q： 很多寶寶拉肚子期間會出現嘔吐的症狀，要不要用止嘔藥物？

A： 不建議家長給寶寶用止嘔藥。因為止嘔藥會影響寶寶整個疾病的過程，也會影響醫生對疾病的判斷，且止嘔藥有鎮靜作用，對寶寶副作用較大。但如果寶寶明顯是拉肚子，嘔吐厲害，排除急腹症外，寶寶難以喝下補液鹽，可以在醫生建議下給寶寶餵一下止嘔藥，但要密切觀察寶寶的變化。

Q：寶寶一吃完母乳就拉大便，是不是腹瀉？

A： 一吃完就拉便便是嬰兒期很常見的正常現象。母乳餵養寶寶的大便是像糊糊的膏狀，即使有點黏液，有點奶瓣，有點酸味，都是正常的，不是腹瀉，不必擔心。

Q：為甚麼有的寶寶經常腹瀉？

A： 經常腹瀉是由於胃腸道受到的損傷較重，治療沒有痊癒的情況下又受到藥物、不易消化的食物或其他病原菌的影響，使其再度損傷。久而久之，很難完全癒合，從而導致對食物的消化吸收能力下降，形成慢性腹瀉。

胃腸道損傷與其他部位的損傷不同。其他部位損傷，可以通過休息或減少刺激等方法加速其痊癒，而胃腸道損傷後還要繼續消化食物，使得胃腸道的恢復相對緩慢，導致腹瀉反復發作。所以，寶寶腹瀉期間，儘量吃些易消化的食物，如大米粥、麵條等，既有利於營養供給，還有利於腸道修復。

Q：寶寶腹瀉了，能吃成人止瀉藥嗎？

A： 成人用的氟呱酸、黃連素等止瀉藥絕對不能給 12 歲以下寶寶使用，否則可能影響寶寶發育。此外，寶寶腹瀉時不要擅自用止瀉藥。如果是感染性腹瀉，腸道內毒素刺激腸黏膜處於高分泌狀態時，患兒可以通過腹瀉把細菌排泄出去，這是一種保護機制。如果吃了止瀉藥，腹瀉症狀暫時緩解了，卻會導致病菌滯留體內，可能造成出現諸如感染中毒症狀加劇等嚴重後果。所以，感染性腹瀉患兒要在醫生指導下用藥，家長絕不能擅自用藥。

Q：寶寶腹瀉喝些米湯補水好嗎？

A： 寶寶出現腹瀉時，會因水分流失過多出現脫水的現象。脫水是指體液通過腸道流失，導致體內缺水的現象。體液包括水、電解質、鉀、鈉及糖分。所以，給寶寶喝些米湯也是補液的方法之一。但米湯中電解質和糖分含量不一定能滿足腹瀉寶寶的需要，對較嚴重的腹瀉寶寶，在醫生指示下建議口服補液鹽，少量多次餵。

Q：腹瀉奶粉怎樣轉換為正常奶粉？

A： 無論甚麼原因引起的腹瀉都可能導致小腸黏膜受損，引起乳糖不耐受性腹瀉。對於人工餵養的寶寶，建議更換不含乳糖的腹瀉奶粉。

但由於目前沒有檢測指標表明寶寶體內乳糖酶恢復程度，所以由腹瀉奶粉更換回普通奶粉時，要循序漸進。每次沖奶時，在腹瀉奶粉中混入一定普通奶粉。根據耐受情況逐漸增加普通奶粉比例。若增加普通奶粉後，寶寶又開始腹瀉了，可暫停添加普通奶粉。

不含乳糖的配方奶粉和普通奶粉混合不會傷害寶寶，所以媽媽不必擔心。

Q：腹瀉期間高熱不退怎麼辦？

A： 腹瀉期間若高熱不退，可能是寶寶體內水分不足，出現了脫水現象。媽媽也會發現，退熱藥效減退不如以前，孩子總不能退熱。其實，及時糾正脫水也是退熱的有效方法。因為無論何種退熱藥，都是通過皮膚散熱、排尿和排便途徑排出體內多餘熱量，如果攝入水分不足，體內沒有多餘水分通過皮膚蒸發、排便、排泄，那麼高熱就難以降至理想狀態。

所以，無論寶寶處於何種狀態，要想退熱，就要多飲水。當寶寶出現脫水現象時可以在醫生指示下在家中口服補液，如口服補液鹽、稀的溫蘋果水、米湯等。如果家中口服補液後 4 小時，寶寶仍沒有排尿，應及時到醫院進行靜脈補液。此外，如果寶寶有特殊原因不能經口喝水，也要考慮靜脈輸液來補充體內水分。

Q：寶寶腹瀉期間可以按照自己想法給寶寶服用多種藥物嗎？

A： 寶寶一直拉肚子，有些媽媽就會給寶寶吃抗生素，且服用益生菌。還有媽媽把寶寶奶粉換為脫敏奶粉。其實這樣做是不科學的。

① 寶寶腹瀉時要檢測大便，確定腹瀉原因。抗生素不是治療所有腹瀉的靈丹妙藥，只有細菌感染的腹瀉才需要服用抗生素。

② 用益生菌糾正抗生素引起腸道菌群失調是沒辦法的做法。

③ 脫敏奶粉不是腹瀉奶粉，而是治療牛奶蛋白過敏的特殊配方奶粉。

所以，媽媽應先確定腹瀉的原因，再選擇適合的治療方法。

Q：是否存在「母乳性腹瀉」？

A： 實際上，「母乳性腹瀉」是一種誤解。母乳中含有的低聚糖在大腸中敗解，能增加糞便中的水分，所以母乳餵養寶寶的大便偏稀屬正常現象。如果是真正的腹瀉，寶寶的生長發育受到一定影響。寶寶腹瀉嚴重，應到醫院進行大便檢查。如果真的不能接受母乳，當然這種情況發生機會極少，對 6 個月以內寶寶，需要諮詢兒科醫生和營養師，應選用特殊配方奶粉。

Q： 寶寶 2 歲，從小腸胃就不好，經常患消化不良腹瀉，有人說腹瀉期間不能吃米飯，不能喝奶粉，只能吃粥、麵條、饅頭，是真的嗎？

A： 不是。2 歲以內的寶寶，由於胃酸及消化酶的分泌較少，消化功能差，不能適應食物在質和量上的較大變化，因此容易得腹瀉。2 歲後寶寶消化系統發育較成熟，腹瀉期間飲食以柔軟、易消化、營養豐富、熱量充足為原則，所以 2 歲的寶寶腹瀉期間，完全可以吃之前喜歡吃的軟食，如粥、麵條、饅頭、瘦肉、蒸蛋等，奶也可以正常喝。但不能吃太油膩及生冷、辛辣的食物，也不能喝飲料。

Q： 吃母乳的寶寶腹瀉了，還可以繼續吃母乳嗎？喝配方奶粉的寶寶還可以繼續喝配方奶粉嗎？

A： 目前針對寶寶腹瀉的治療，推薦對於腹瀉前是母乳餵養的寶寶，即使腹瀉了，也應該繼續母乳餵養。不僅可以繼續喝母乳，還應該讓他增加餵養時間。因為讓他繼續喝母乳能幫助他補充能量。

要不要給腹瀉的寶寶繼續喝原來的配方奶粉，取決於寶寶的腹瀉是不是因為乳糖不耐受造成的。如果是，可以將原來的普通配方奶粉換成不含乳糖的配方奶粉，一般的母嬰用品店都可以買到這種特殊的配方奶粉。將普通的配方奶粉換成不含乳糖的配方奶粉喝一段時間，能促進腸道黏膜恢復，等腹瀉症狀消失後，可以換回原來的配方奶粉。

Q：寶寶腹瀉期間可以繼續進食嗎？是否是餓一餓對寶寶更有好處呢？

A： 寶寶腹瀉期間到底是吃還是不吃，困擾着很多媽媽。很多媽媽認為，寶寶腹瀉期間應該禁食，這樣能減輕腹瀉，因為吃得越多，喝得越多，腹瀉就越嚴重。其實，寶寶腹瀉期間應繼續原來的飲食，但不要吃沒吃過的食物或生冷的食物，也不要強迫進食，還應避免高脂肪、高鹽、高糖等食物，如雞湯、果汁等，因為這些食物會加重寶寶脫水的症狀。可以給寶寶選擇一些清淡的粥、蔬菜湯等。

Q： 溶解好的口服補液鹽要一下子喝掉嗎？寶寶平時也不愛喝水，大概餵多少就可以了？

A： 在給寶寶餵口服補液鹽時，要遵循少量多次的原則，口服補液鹽含有大量糖和鹽，但口服補液鹽的配方是世界衞生組織推薦的配方，糖和鹽的配比是固定的。糖起到往身體裏運鹽的作用，但糖的量又不太大，因為過多的糖會像海綿一樣把體內水吸到腸道，反而會加重腹瀉。

第 3 章

便秘
有規律才是
黃金要素

便秘是指寶寶大便乾結、
排便困難的過程，絕不是
以時間來定義。如果寶寶
一天排 5 次便，每次都是
硬結的大便，也屬便秘。

寶寶便便是怎樣的？

寶寶出生後，幾乎每天都會拉便便，越小的寶寶，拉便便的次數越多。隨着寶寶吃的食物發生變化，便便的樣子也會變化。那麼，不同時期，寶寶正常大便是怎樣的呢？

剛出生時期的便便

此時寶寶的便便，也就是胎便，是墨綠色、黏糊狀。大多數寶寶在出生後 12 小時內可以排出「胎便」，3~4 天內排完，沒有臭味。隨之，大便顏色逐漸呈黃色。

此外，早產寶寶排出胎便的時間有時會推遲，這主要是與早產寶寶腸蠕動功能較差或吃奶延遲等因素有關。

育兒專家提醒

胎便是胎兒期腸道內的分泌物、膽汁、吞嚥的羊水以及胎毛、胎脂、脫落的上皮細胞等在腸道內混合而成。所以當新生兒排出墨綠色胎便時不要驚訝，這是正常的現象。儘早餵奶能促進胎便排出。

過渡期的便便

寶寶開始吃奶後，便便的顏色逐漸呈黃綠色，呈糊狀，而且綠色越來越少，黃色越來越多。

育兒專家提醒

從胎便過渡到正常新生兒大便需要 3~4 天胎便逐漸排淨，直至便便完全變為黃色。

母乳餵養寶寶的便便

此時寶寶的便便呈金黃色、軟糊狀。大便次數較多，通常在新生兒期每天 2~5 次，也有一天排便 7~8 次的狀況。但只要寶寶精神和吃奶良好，體重增加正常，沒有不適的表現，不必擔心。

育兒專家提醒

因為母乳中含有豐富的低聚糖，能刺激腸胃蠕動，且有助於腸道內雙歧桿菌的增殖。因此，寶寶的便便不會是硬硬的，也沒有明顯的臭味，是金黃色，偶爾呈淡綠色，且均勻一致，帶點酸味兒。

爺爺嫲嫲注意

有些爺爺奶奶照顧母乳餵養的寶寶，總是為寶寶的大便次數而煩惱，生怕寶寶生病了。其實，母乳有傾瀉的作用，所以一天 6~8 次甚至可能達到 10 次大便也不算異常，且便便看上去比較稀，呈糊狀或水樣。

人工餵養寶寶的便便

寶寶的便便呈土黃色或金黃色、硬膏狀，可見奶瓣，略帶酸臭味，每天 1~4 次。只要不難排出就不必擔心。

吃輔食寶寶的便便

此時寶寶的便便呈黃褐色、條狀，有臭味，大便次數不規律，可能 1 天 1 次或 1 天 3~4 次。寶寶從滿 6 個月開始添加輔食，隨着輔食數量和種類的增加，大便的性狀開始慢慢接近成人，變成黃褐色。

育兒專家提醒

人工餵奶寶寶的便便有時會黃中帶綠，是因為配方奶粉中鐵含量高，吸收不完全造成的，屬正常情況，不必擔心。

育兒專家提醒

剛添加輔食時，常有綠色菜葉、黃色粟米粒、紅色番茄皮等未消化的成分隨着大便排出，這是新增輔食時常見現象，不用擔心。

混合餵養寶寶的便便

寶寶便便呈淺黃色或黃褐色，比人工餵養寶寶的便便軟，且也是稀糊狀的，臭氣比人工餵養寶寶的便便大，便便的量少，次數為每天 3~4 次。

正常用餐後寶寶的大便

此時寶寶的大便呈深黃或褐色，基本成形，偶爾可見未消化的食物顆粒，臭味較之前加重。正常吃飯後寶寶大便次數較之前減少，排便逐漸規律。

育兒專家提醒

混合餵養一般不需要補水。首先，母乳中含有充足的水分。其次，按照說明書沖調的配方奶粉中的水分也能滿足寶寶的需要。所以一般情況下混合餵養的寶寶是不需要特意補充水分的。

育兒專家提醒

如果媽媽發現寶寶的排便情況異常，帶有血絲或膿液等情況，應該及時帶寶寶到醫院檢查或者把寶寶的便便送去醫院化驗。

寶寶便便分哪幾類？

綠色便便

反映寶寶對某些食物消化不好，比如食用含鐵量較高和水解蛋白比較多的食物。

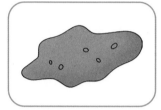

蛋花湯樣大便

基本上斷定是腹瀉，尤其是懷疑秋季出現的輪狀病毒引起的腹瀉時，應及時就醫。

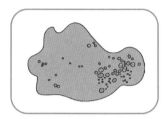

帶泡沫的黃色大便

主要是寶寶在吃奶過程中咽下空氣，這些空氣隨着便便一起排出了。

紅色血絲便

如果因為大便較硬，排便過程中撐裂肛門，帶有一點血絲，就不用擔心。如果稀便中有血，就要及時就醫。此外，排除寶寶因肛裂造成的出血情況後，寶寶便中帶血，很可能跟胃腸道出血有關，應馬上就醫。

黑色便便

可能是吃了氨基酸配方奶粉導致的。也有人看到黑便懷疑是不是胃腸道出血，如果寶寶是胃腸道出血，會有強烈的反應（精神狀態和其他生理指標），而不僅僅是大便的顏色。現在很少見到寶寶是因為大量出血造成黑便。

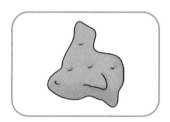

水樣大便

是「蛋花湯樣便便」的升級版，肯定是病理引起的，需及時就醫。但寶寶出生頭兩天會排出水樣大便，這是由於寶寶剛開始進食，腸道蠕動能力不夠，就迅速排出大便，但很快就會有實質性的東西排出，這屬正常現象，媽媽不必擔心。

寶寶排便沒有統一標準，順暢規律就行

在寶寶排便問題上，很多媽媽認為一定要按照某個頻率才是正常的，如一天 1 次或兩天 1 次，一旦這個頻率被打亂就會擔憂。其實每個寶寶的身體結構和反應是不同的。即使同樣吃母乳，有的寶寶每天大便幾次，有的寶寶每天大便十幾次⋯⋯其實，寶寶排便沒有統一的標準。

只要寶寶排便有自己的規律，同時排便不費勁、吃得好、精神狀態好、小便正常、生長發育正常，一天多少次大便都是正常的，家長毋須擔心。

育兒專家提醒

大便次數多少、性狀乾稀都能作為寶寶生病的依據，如果寶寶的大便頻率和性狀突然改變，要及時就醫。

寶寶幾天不大便，是排便規律改變？還是便秘？

遇到寶寶三四天不大便，有媽媽說是「攢肚」（寶寶排便規律改變），不要緊；有媽媽說是便秘，應就醫。排便規律改變和便秘到底是如何區分？

	大便的性狀	精神狀態	發生時間
攢肚	大便的次數減少，但大便的性狀仍然是稀糊狀，且排便不費勁	精神狀態、食量、睡眠等一切正常	只發生在 2~6 個月寶寶身上
便秘	大便比較乾、硬，排便時較費勁，有時能把臉憋紅	可能出現睡眠不安穩、大便時哭鬧、煩躁不安等不良情緒	任何階段都可能發生

育兒專家提醒

攢肚（寶寶排便規律改變）是隨着寶寶消化能力逐漸提高，能充分消化、吸收進食的東西，導致每天產生的食物殘渣減少，不足以刺激直腸形成排便，而導致寶寶 2~3 天，甚至 4~5 天不排便的現象。常見於 2~6 個月的母乳餵養的寶寶。寶寶精神狀態好，排便時也無痛苦的表現，大便為黃色軟便，不乾不硬，無硬結。

測試 → **你對寶寶便秘有多瞭解**

從排便的次數和乾濕看便秘	腹瀉和便秘完全沒關係嗎？	寶寶便秘是因為飲食過量，要減少食量嗎？	寶寶便秘可以給肛門擦麻油嗎？	香蕉和蜂蜜可以緩解便秘嗎？

6個月以內的寶寶：因為整個胃腸道運動不協調，一天4~5次排便也屬正常；7~8天排一次便，只要大便不乾，也屬正常。1歲以後的寶寶：大便乾結，排便時間間隔較久（>2天）就不正常了。

腹瀉和便秘都是腸道的一種狀況，如果腹瀉和便秘交替出現，且沒有規律，也沒有特別原因，應引起媽媽的特別重視，往往與食物過敏有關。媽媽要記錄寶寶每天飲食種類，寶寶出現問題時可以通過飲食記錄快速找到原因。

寶寶便秘與食量無關，但和飲食有關。對於寶寶的飯量，媽媽應尊重寶寶，不能按著定量給寶寶吃。當寶寶喝奶出現不專心、沒興趣時，說明寶寶已經吃飽了。除了腸絞痛或其他問題，應滿足寶寶的食量。

麻油主要起到潤滑劑的作用，有緩解便秘的功效，但建議用凡士林或甘油來代替。不過這些方法不能從根本上解決寶寶便秘。

用香蕉、蜂蜜等食物來緩解便秘，效果非常有限。緩解寶寶便秘，推薦食用富含膳食纖維的食物，如穀類、菠菜、火龍果等，能加速腸道蠕動。而且1歲以內嬰兒不能食用蜂蜜。

便秘對寶寶有哪些影響？

慢性便秘

影響食慾

腸道蠕動慢會使食物在腸道停留時間長，即使有饑餓感，寶寶的肚子也是鼓鼓的，脹脹的，很難受，根本不想吃飯。因此會影響寶寶生長發育所需的營養攝入，進而影響寶寶的身體發育。

嚴重便秘

造成肛裂

寶寶便秘時拉出來的便便很乾、很硬、很粗，大便排出時可能使肛門受傷，導致肛裂，甚至在擦屁股時還會發現有血。這是因為當變硬的糞便強行被排出時，將肛門撐破，寶寶肯定很疼，而這種疼痛感會加重寶寶對排便的恐懼。

長期便秘

影響智力、免疫力下降

寶寶長期便秘會變得「呆頭呆腦」，即精力不集中，缺乏耐性，貪睡、喜哭，對外界變化反應遲鈍，不愛說話，不愛交朋友。此外，大便長期不能排出體外，就會使大量的毒素積聚在體內。

母乳餵養寶寶便秘的可能性很低

有些媽媽會問，母乳是寶寶最理想的食物，且非常容易被寶寶吸收，出現便秘的機會應該增多呀，為甚麼發生便秘的可能性很低呢？

其實，母乳中的水溶性膳食纖維能在大腸中酵解，有效預防寶寶便秘。

此外，母乳對寶寶還有以下的好處。

1　有利腸道微生態環境建立。

2　促進腸道功能成熟。

3　有利於腸道舒適和耐受。

4　促進營養素的吸收。

育兒專家提醒

母乳還含有有益於寶寶腸道健康的益生菌，如乳酸桿菌和雙歧桿菌。所以，不建議母乳餵養的寶寶額外補充益生菌及其製劑。

母乳餵養寶寶的媽媽要注意，不要攝入過多的蛋白質，否則容易誘發寶寶便秘。

人工餵養寶寶為甚麼容易便秘？

對於配方奶粉餵養的寶寶，發生便秘可能與以下三方面有關。

奶粉沖調過濃

對於人工餵養的寶寶，有些媽媽總怕寶寶吃不飽，沖奶粉時就會擅自加大奶粉量或減少水，其實，奶粉沖得太濃會使奶液中的蛋白質增多，水分補給不足，導致腸熱過高，引起大便乾結。

特別提醒一句，也不能把奶粉沖得太稀，否側會導致蛋白質含量不足，引起營養不良。

一般的奶粉，只要按照奶粉外包裝說明沖調就能符合寶寶生長發育需要，不必額外增加奶粉量。

繼續添加鈣和維他命 D

配方奶粉中已經添加了寶寶成長所需的鈣和維他命 D。若媽媽再額外補充的話，就會造成寶寶腸道內不能被吸收的鈣與脂肪酸結合形成鈣皂，引發便秘。

對牛奶蛋白不耐受

針對以上原因導致寶寶便秘的情況，可以通過以下兩個方面進行糾正。

1. 注意配方奶粉沖調方法，先加水後放奶粉，且奶粉和水的比例要嚴格遵守配方奶粉外包裝說明，切忌奶粉多水少。

2. 多吃些富含膳食纖維的食物，必要時添加一些益生菌。

寶寶大便帶血怎麼辦？

如果寶寶大便帶血，應觀察血液與大便是否混合。

大便帶鮮血且與大便混合，說明小腸或直腸受損，大便偏稀，這不是傳統意義上的腸炎，應考慮食物過敏，尤其是牛奶蛋白過敏。

> 可在醫生指導下，根據過敏原因考慮更換深度水解或氨基酸配方奶粉。還應回顧進食過程，停止進食某種可能引起過敏的食物，但不能用抗生素。

大便帶鮮血且與大便分離，附着於大便周圍，多是肛裂所致。如果有肛裂，可在寶寶肛門找到小裂口，大便排出幾分鐘後可見小凝塊，一般大便乾燥的寶寶容易出現肛裂。

> 寶寶出現肛裂時，每次排便前，在肛裂處塗些凡士林，可以增加肛門的潤滑。

育兒專家提醒

在媽媽出現乳頭皸裂出血時，寶寶吞咽了媽媽乳頭處的血液，大便就會帶有少許粉色或紅色物質，但大便檢測查不到紅血球，卻能查出潛血，這種情況的寶寶一般進食正常，發育正常，媽媽不必擔心。此外，寶寶服用了含鐵的多種維他命製劑或補鐵的藥物，其中有些鐵不能全部被吸收，會有少量經腸道排出，這時大便中可能含有黑褐色點狀物，只要寶寶發育正常，不必擔心。

寶寶肛裂了怎麼辦？

如果寶寶已經出現了肛裂，應堅持用溫黃連素水浸泡或濕敷肛門處，促進肛裂儘快恢復。每次排便前，也可以在肛裂處塗些甘油、凡士林等，增加肛門的潤滑，緩解疼痛。

如果寶寶肛裂嚴重，建議媽媽帶寶寶到醫院檢查，判斷是否存在感染，並遵醫囑進行治療。日常要堅持給寶寶吃些含膳食纖維的食物，預防便秘。也可給寶寶添加乳果糖口服液或小麥纖維素等纖維素製劑。

育兒專家提醒

媽媽帶寶寶去醫院時，不建議使用便秘、腹瀉這樣的總結性詞匯，應通過以下方面形容。
1. 性狀：乾、硬、塊狀。
2. 每次排便量。
3. 排便次數的頻率程度。
4. 大便內是否見膿、血、未被消化的食物顆粒等。
5. 排便過程是否順利。
6. 甚麼時候大便性狀出現了變化（看大便是否乾燥）。

哪種情況下，寶寶便秘要看醫生？

寶寶一旦出現以下情況，爸爸媽媽要立即帶他去醫院。
1. 寶寶出現精神狀態不佳、呼吸困難、拒奶、吐奶或嗆奶等症狀。
2. 腹脹、腹痛、嘔吐等情況。
3. 先天性腸道畸形導致的便秘。

15 天 ~6 個月寶寶便秘

哪種情況下排便是正常？

寶寶出生後一直是每天排便 2~3 次。過了半個月，就變成了每天 1 次，持續下去，又變成了 2 天 1 次或 3 天 1 次。到快 1 個月時，又變成了每天不到 1 次便便。遇到這種排便情況發生是正常的，媽媽不必過於擔心。

如何判斷是否因母乳不足引發便秘？

如果寶寶一直存在排便問題，最好帶他就醫

如果寶寶出現便秘通過觀察體重情況判斷，是否因母乳不足引起的

如果便秘前每天增加 30 克，現在不到 20 克，應考慮是母乳不足導致的便秘

這時，可以給寶寶補充配方奶粉

帶寶寶看病時間是否恰當？

寶寶已經喝足夠的母乳或配方奶粉。 體重增加也正常，但不是每天排便。

遇到上面情況，很多媽媽就會帶寶寶去醫院。

如果寶寶完全排不出便，就會堵塞腸道的某一部位，這是非常嚴重的問題，必須就醫。

可是，媽媽所說的便秘並不是不排便，而是還在排便，只不過間隔時間長而已，等 2~3 天自然會排便，只不過媽媽等不到那個時候就來就醫了。

其實，沒有甚麼地方規定寶寶必須每天排便。

如果寶寶遇到下面的情況也是正常的，不必過於擔心。

寶寶如果按照兩天只排 1 次便的規律，堅持到上學前，也是正常的。 如果寶寶兩三天只排 1 次便，但大便質軟，排便時也較順暢，沒有因為硬便而損傷肛門，體重增加正常，也是正常的。

6~7 個月寶寶便秘

輔食不宜太精細

　　6 個月寶寶剛開始添加輔食。這時候寶寶吃的一般都是容易消化的食物，形成食物殘渣就會很少，也不足以刺激腸道運動，糞便在腸道內運輸過慢，在結腸內停留時間延長，其水分會被過度吸收，進而導致便秘。

　　這時媽媽要試著給寶寶餵一些「不易消化」的食物，最好是蔬菜，如菠菜、椰菜等。

　　這個月齡也可以適當多餵些水果，如橘子、梨、香蕉、蘋果等，可做成香蕉粥、蘋果小米粥、雪梨汁等。但給寶寶添加輔食的原則是先添加蔬菜，再添加水果。

給寶寶做粥時，加點蔬菜能補充膳食纖維，促進腸胃蠕動，預防寶寶便秘。

爺爺嫲嫲注意
儘量不要給寶寶使用促排便的藥物。

奶量減少導致便秘

　　有些寶寶添加輔食後開始出現便秘，可能是由於奶量減少導致的。可以測一下寶寶的體重，如果原來每 10 天增加 100 克，而現在卻減少到 50 克，就屬營養不良了。這時媽媽可以適量給寶寶增加一定量的奶，如果原來一天吃 4 次，吃輔食後減少到 2 次，可以增加 1 次。6~7 個月的寶寶雖然添加了輔食，但不建議減少奶量。

　　沒有規定要寶寶每天必須大便 1 次，即使 2 天排 1 次大便，只要排便時寶寶大便通暢，就是正常情況，不用去管它。

西瓜
富含水分可潤腸，緩解寶寶便秘。

熟香蕉
潤腸通便。

梨
補充水分，促進大便排出。

蘋果
富含膳食纖維，能促進腸胃蠕動，預防寶寶便秘。

吃香蕉不一定能緩解便秘

很多媽媽認為香蕉潤腸，寶寶大便不好時吃點香蕉有潤腸通便的作用；但要注意，未熟透的香蕉不但不能緩解便秘，還可導致便秘。

生香蕉

除了那些青綠色的香蕉不熟外，有的香蕉雖然外表很黃，但吃起來卻肉質發硬，甚至有些發澀，這樣的香蕉也沒有熟透。

未熟透的香蕉含有較多的鞣酸，相當於灌腸造影中使用的鋇劑，難以溶解，且對消化道有收斂作用，會抑制腸胃分泌且抑制其蠕動，如果攝入過多會引起便秘或加重便秘。所以，不宜食用沒有熟透的香蕉。

常常運動有利腸胃蠕動

運動不足也是造成寶寶便秘的原因之一，因此媽媽應盡可能地多帶寶寶到室外活動。

媽媽可以鼓勵寶寶多爬。天氣晴時，可以帶寶寶到戶外曬曬太陽，有利於寶寶腸胃蠕動，緩解便秘。

揉揉臍周能緩解便秘

媽媽可以讓寶寶仰臥床上，搓熱雙手，用大魚際（手心大拇指下方的位置）在寶寶臍周附近以順時針方向揉按 2 分鐘，再換拇指指腹依次點按氣海穴（前正中線上，當臍下 1.5 寸）、關元穴（前正中線上，當臍下 3 寸）、天樞穴（臍中旁開 2 寸）各 1 分鐘，然後再輕輕按揉臍周 2 分鐘。

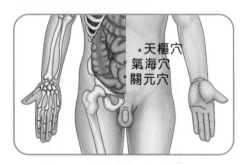

·天樞穴
·氣海穴
·關元穴

爺爺嬤嬤注意

有些寶寶是爺爺嬤嬤照顧，看到寶寶便秘了，就用大人對抗便秘的方法給寶寶緩解便秘。如晨起讓寶寶喝 1 杯淡鹽水，其實這些方法對寶寶是不適合的。應給寶寶吃些富含膳食纖維的食物，讓寶寶多喝白開水，多運動等來緩解便秘。

| 蘋果汁 | 適合年齡 6 個月以上 | 香蕉米糊 | 適合年齡 6 個月以上 |

 促進腸道蠕動

材料

蘋果 50 克

做法

1　蘋果洗淨，去皮、去核，切小塊。

2　將蘋果塊放入榨汁機，加入適量飲用水，攪打均勻即可。

輔助治療便秘

材料

香蕉 40 克，嬰兒米糊粉 15 克

做法

1　香蕉去皮，用小匙刮出香蕉蓉。

2　用溫水將米糊粉調開，放入香蕉蓉調勻即可。

對寶寶的好處

蘋果的果膠可以吸收水分，使糞便變軟易於排出，解除便秘。

對寶寶的好處

香蕉米糊色、香、味都很純正，而且含有一定量的膳食纖維，能幫助寶寶胃腸消化，緩解寶寶便秘。

7~24 個月寶寶便秘

寶寶便秘或因食量不足、食物過於精細

| 一向大便規律，每天1次的寶寶。 | 過了10個月後，大便卻困難起來，每2~3天才排1次便。 |

這時，媽媽應考慮是不是給寶寶的食量不足或給的食物過於精細。

寶寶飲食量不足，體重增加量有所減緩，平均每天在5克以下，媽媽應努力讓寶寶多吃些米飯、饅頭，也可以增加魚和肉的量。

寶寶平均體重每天增加7~8克還便秘時，可能是由於給寶寶吃了過多較軟的食物所致，媽媽要多給寶寶吃些含膳食纖維的食物，如菠菜、椰菜、洋葱等，可以煮了或切碎與雞蛋混合攤成軟餅，也可以給寶寶吃些不易消化的食物刺激腸道，如將豌豆磨碎給寶寶食用。

可以將青豆洗淨，煮熟，然後用刀切碎餵給寶寶。

增加水果份量，緩解便秘

對於已經便秘的寶寶，媽媽可以給他增加水果的份量。

直接生吃水果，要清洗乾淨。

也可以做成水果沙律，但一定要在寶寶1歲以後。

可以將水果打成汁，但不建議長期喝果汁。

如果寶寶喜歡吃果醬麵包，也可以抹些果醬吃，但一定要在孩子1歲以後，並且不推薦長期食用。

補鈣不當易引起便秘

有些媽媽總是擔心寶寶長不高，就想着法給寶寶補鈣，甚至認為補得越多越好。

寶寶補鈣，可以吃豆製品，如豆腐、豆漿等。

這樣是不對的。鈣本身屬吸收率較低的礦物質，補鈣過量，方法不對，很容易引起寶寶便秘、消化不良等症狀。

雖然鈣吸收率較低，寶寶本身也具有一定的排鈣能力，那麼為甚麼補鈣不當寶寶仍然會便秘呢？這是因為進入人體內的鈣元素容易與腸道的食物殘渣如草酸、植酸、磷酸、脂肪等結合，形成不溶解的堅硬物質，使寶寶難以排出，進而造成便秘。

與富含草酸蔬菜同食

像菠菜、通菜、洋葱、毛豆等蔬菜富含草酸，容易與寶寶體內尚未消化的鈣元素結合形成草酸鈣，不但影響寶寶對鈣元素的吸收，還可能引起寶寶便秘。

與油脂類食物同食

給寶寶補充鈣劑要避免食用油脂類食物。因為脂肪進食過多時，消化後產生的游離脂肪酸容易與鈣結合，進而降低鈣的吸收，而尚未吸收的鈣進入排泄物，引起寶寶便秘。

與膳食纖維類食物同食

像粗糧等富含膳食纖維的食物攝入過多，其中的膳食纖維會與鈣結合，進而降低鈣的吸收，導致鈣沉澱，也可能引起便秘。

與牛奶等食物同食

有些媽媽喜歡把鈣片碾碎後混在牛奶或食物中，而鈣與奶容易結合形成凝塊，不僅鈣不易被吸收，奶也不容易被消化，還容易引發便秘。

鈣每天的推薦攝入量（RNI）

0~6 個月寶寶	200 毫克
7~12 個月寶寶	250 毫克
1~3 歲寶寶	600 毫克
4~6 歲寶寶	800 毫克

註：以上資料來自《中國居民膳食營養素參考攝入量速查手冊（2013版）》。

補鈣時也要補充適量的鎂

因為鈣與鎂如同一對好搭檔，當兩者的比例為 2：1 時，最利於鈣的吸收與利用。

遺憾的是，媽媽往往注重補鈣，卻忘了給寶寶補鎂，導致寶寶體內鎂元素不足，進而影響鈣的吸收。堅果（杏仁、腰果等）、黃豆、瓜子、穀物（特別是小米和大麥）、海產品（青魚、小蝦、龍蝦）等鎂含量豐富。

適量攝入蛋白質

因為蛋白質攝入過量會「排擠」鈣。大魚大肉富含蛋白質，如果給寶寶吃過量魚、肉，會影響寶寶對鈣的吸收。

實驗顯示，每天攝入 80 克蛋白質，體內將流失 37 毫克的鈣；如果每天蛋白質的攝入量增加到 240 克，即使額外補充 1400 毫克鈣，也會導致體內有 137 毫克的鈣流失，而且額外補鈣不能阻止高蛋白所引起的鈣流失。因此，媽媽不要每天都給寶寶吃過量魚、肉等富含蛋白質的食物。

哪些情況便秘不用管？

儘管上面的方法都試了，但仍然是兩三天才排 1 次便，有些寶寶便秘不是突然出現的，而是從出生一直持續到現在，這時要看便秘給寶寶的日常生活帶來了何種程度的影響，再決定是否治療。

哪些情況便秘不用管？

出現這種情況，主要是因為以下兩個因素。

1　大便只是稍微有些硬，偶爾大便稍微帶點血。
2　每三天能自然大便 1 次。
3　便秘也沒有給寶寶的生活帶來其他的不良影響。

遇到上面情況，就不用管它。因為大便不一定非要每天排 1 次不可，對有些寶寶來說每三天排 1 次，也是正常狀態。

常用瀉下的藥並不好

有些寶寶排便時很痛苦，就會哭鬧，進而產生恐懼心理，這樣寶寶就更不想排便了。不建議長期使用灌腸方法，因為它會使大腸壁對灌腸劑產生依賴。

育兒專家提醒

鼓勵寶寶多喝水，進行適當的運動，能刺激腸道的蠕動，緩解便秘。所以，媽媽應該時常帶寶寶到戶外鍛煉身體。

翠玉瓜雞蛋軟餅	適合年齡 10 個月以上

❌ 增加膳食纖維

材料

翠玉瓜 1/4 個，雞蛋 1 個

做法

1　翠玉瓜洗淨，切碎；雞蛋取蛋黃打散，倒入翠玉瓜碎攪拌均勻。

2　煎鍋倒油燒熱，放入雞蛋翠玉瓜碎，一面煎好後翻面繼續煎另一面，待兩面煎好即可。

> **對寶寶的好處**
>
> 翠玉瓜含膳食纖維，加上蛋黃營養豐富，既可以促進腸胃蠕動，還能增加飲食量，對寶寶便秘有輔助治療的效果。

冬瓜球肉丸	適合年齡 11 個月以上

❌ 增強食慾

材料

冬瓜 50 克，肉碎 20 克，冬菇 10 克

做法

1　冬瓜去皮、去內瓤，將冬瓜肉挖成冬瓜球。

2　香菇洗淨，切成碎末；將冬菇末、肉碎混合並攪拌成肉餡，揉成小肉丸。

3　冬瓜球和肉丸放在碟內，蒸熟即可。

> **對寶寶的好處**
>
> 冬瓜能清熱利尿，適合寶寶食用；加入肉丸和冬菇，有利於增強寶寶的食慾，增加寶寶飲食量，緩解便秘。

2~6 歲寶寶便秘

沒養成定時排便的良好習慣會引起便秘

沒有養成定時排便的良好習慣是引起寶寶便秘的常見原因之一。

正常情況下，當直腸有足夠糞便時，會通過神經傳遞給大腦，引發排便意識，促使寶寶排便。

實際生活中，很多寶寶在便意出現時，可能出於貪玩或其他不便，沒有及時去排便，就會使排便意識被抑制。待便意過去後，就不想排便了，久而久之，排便反射就變得鈍化。這樣就很難給寶寶建立起規律的習慣，還會形成惡性循環。

為了預防寶寶便秘，媽媽應每天定時訓練寶寶排便，幫助寶寶建立相應的排便條件反射，養成規律排便的好習慣。

1. 儘量給寶寶創造舒適的環境，且保持室內溫度適宜。
2. 給寶寶準備一個可愛又舒適的坐便器，寶寶可能因為感興趣而樂於嘗試。
3. 訓練寶寶排便的時間最好選擇在晨起或飯後。

育兒專家提醒

對於較為敏感的寶寶，儘量在家裏排便，不要輕易改變排便環境。

食量太小可能引起便秘

可能由於餵養方式不當、脾胃不和、消化不良等因素導致寶寶不愛吃飯、食量小。

食物對腸道形成刺激不夠，腸道蠕動就會緩慢，不能及時將食物殘渣推向直腸。

寶寶食量小，進入腸道後糞便殘渣也少，不能形成足夠的壓力去刺激神經感受細胞。

這樣，食物殘渣在腸道內停留時間延長，水分被過多吸收而使糞便乾燥。

不能形成排便反射而引起便秘。

媽媽隨時留意寶寶的胃口，及時調理。寶寶的胃容量比較小，每次吃不了太多的食物，但寶寶精力旺盛，活動量大，幾乎每隔3~4小時就需要補充一下營養。如此一來，媽媽要根據寶寶每日所需的營養，分三頓正餐和兩頓加餐來供給。加餐可以選擇一些有營養又潤腸的食物，如雪耳、杏仁、蜂蜜等。

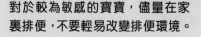

飲食結構不合理會導致寶寶便秘

有些寶寶一日三餐很規律，但喜歡吃零食，不喜歡吃蔬菜、水果，喜歡吃肉，不愛喝水，久而久之就會引起便秘。因為寶寶飲食中膳食纖維含量過少，難以刺激神經系統的排便反射，導致便便在腸道停留時間過久，水分被腸道過度吸收，加之飲水不足，導致大便乾燥、僵硬，從而難以排出。

一般來說，益生菌可以輔助治療寶寶便秘，但太多的益生菌會讓寶寶走向另一個極端：腹瀉。所以，給寶寶選擇有益於腸道蠕動的食物或藥物時，應首先諮詢醫生。

食物中膳食纖維能促進腸胃蠕動，有利於順利排便，所以，當寶寶因飲食結構不合理導致便秘時，可以採取以下的措施進行調整。

多吃些富含膳食纖維的食物，如番薯、粟米、芹菜、韭菜等。

多喝白開水。在過多攝入高蛋白、高熱量食物後，要吃些蔬菜，並及時喝水。

少吃或不吃容易上火、便秘的食物，如朱古力、炸薯片等。

育兒專家提醒

如果寶寶不喜歡吃蔬菜，除了給他講道理外，也可以試着給他多吃木耳、冬菇、海帶等食物，增加膳食纖維的攝入，促進寶寶排便。

爺爺嫲嫲注意

有些爺爺奶奶知道寶寶要多吃蔬菜，但在烹調蔬菜時，往往清炒一盤綠色蔬菜給寶寶吃，其實這樣的蔬菜大多數寶寶都不喜歡吃。可以將蔬菜切碎，做成餃子、雲吞，也可以做成蔬菜粥、蔬菜餅等，換一種方式會有意想不到的收穫。

是否用藥緩解便秘應由醫生決定

當寶寶便秘嚴重時，有些媽媽就會擅自給寶寶用藥，自認為這樣可以促進消化，緩解便秘，還能打蟲子，一舉三得。

其實，這種做法是不對的。寶寶便秘是否需要用藥應由醫生來決定。因為有時候寶寶可能不是真的便秘，通過飲食調整和生活習慣調整就能解決大便不順暢的問題。

如果寶寶的排便問題一直持續，最好帶他就醫。

醫生會根據寶寶的情況給出解決意見。

當寶寶真的需要用藥治療時，應由醫生來決定用哪種藥，以及如何用藥。

剛上幼兒園的寶寶為甚麼愛便秘？

① 陌生的環境導致精神緊張
② 生活適應能力較低
③ 語言表達能力有限
④ 貪玩，不及時排便

久而久之，就會使便意受到限制，大量的糞便長久滯留在直腸，水分被過分吸收，排便就變得越來越困難。而且，寶寶會因為心裏害怕排便而經常忍着不便，結果使便秘越來越嚴重。

所以，寶寶上幼兒園之前要養成良好的排便習慣，增強生活適應能力和語言表達能力，避免因外在原因導致寶寶便秘。

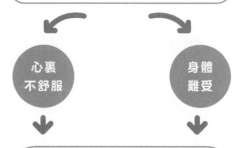

玩遊戲時，媽媽可以假裝便秘，讓寶寶當小醫生來醫治。一方面陪他玩，另一方面讓他瞭解，便秘沒有那麼可怕，每個人都可能會經歷，並訓練他如何養成排便習慣。

正確補水緩解寶寶便秘

對於 1 歲以後的寶寶便秘，原因不只是喝水不夠。食物加工過於精細，不利於食物殘渣形成，也是一個原因。

但食物加工過粗又容易引起消化不良，導致腹瀉。所以寶寶輔食的加工要適當。

雖然多喝水並不能從根本上糾正便秘，但對緩解便秘還是有一定的好處的。所以正確喝水能緩解便秘。

1 歲以後的寶寶已經會拿杯子了，可以訓練他自己拿杯子喝水，幫寶寶養成及時喝白開水的習慣，不要等口渴了才去喝水。

那麼甚麼時間補水最好呢？

兩餐之間補水

媽媽不要在飯前給寶寶餵水，否則會影響寶寶的飲食量，進而影響營養的攝入，所以在兩餐之間補充一些白開水最恰當。

寶寶睡醒後要補充水分

寶寶睡眠充足後一般比較聽話，這時給寶寶餵水他比較願意接受。

外出後要給寶寶補水

家人帶寶寶外出玩耍時，一定要帶瓶水，因為寶寶活動量很大，汗液分泌增多，很容易導致寶寶缺水，應及時給寶寶補充水分。

寶寶正在玩耍時

當不愛喝水的寶寶玩耍時，他會降低對水的抵觸，因為他的注意力都在遊戲上，很容易接受送過來的水。

寶寶大哭後

寶寶大哭過後會流很多眼淚，也就是身體流失了大量的體液，所以寶寶哭聲停止後，要及時給寶寶補水。

育兒專家提醒

睡前和餐前都不適合給寶寶餵水，睡前如果給寶寶餵很多水，寶寶半夜小便會影響到睡眠質量。餐前餵水會影響對營養的吸收。

1 歲後寶寶謹慎用蜂蜜緩解便秘

寶寶便秘有很多原因，有的是因為腸道乾澀，有的是因腸蠕動不夠引起的，媽媽要先弄清楚原因。根據寶寶的身體發育情況，一般來說，1 歲以前不添加蜂蜜（一是蜂蜜裏含有一種肉毒桿菌會產生毒素，對寶寶有危險；二是蜂蜜由花粉釀造而來，容易引起寶寶過敏）；1 歲以後要謹慎添加，真正適合寶寶添加蜂蜜是等 3 歲以後。原因主要有三個：

1 蜂蜜含有一定量的植物性激素，如果過早或過量食用蜂蜜，容易導致寶寶性早熟。

2 長期給寶寶喝蜂蜜水會導致寶寶不愛喝白開水。

3 過量攝入蜂蜜有可能引發寶寶齲齒等口腔問題。

所以，對於 3 歲以上寶寶便秘適量喝點蜂蜜水沒有問題，但不能依賴蜂蜜水通便，還必須讓寶寶養成良好的生活習慣，均衡膳食結構。平時多讓寶寶吃粗糧、蔬菜、水果等富含膳食纖維的食物，避免寶寶出現偏食、挑食的毛病。足量有效地飲水，養成規律的排便習慣，平時多參加寶寶戶外活動，促進腸胃蠕動，可以預防和緩解便秘。

多運動能預防便秘

媽媽鼓勵寶寶積極進行戶外活動，如跑、跳、騎小車、踢球等，有利於增強腹肌的力量，且促進腸胃蠕動，預防便秘。

揉揉肚子

無論是不是便秘的寶寶，每天睡覺前幫他揉揉小肚子，按順時針的方向，輕揉 5 分鐘左右，能加強腸胃蠕動。

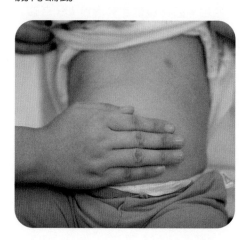

蔬菜餅

適合年齡
1 歲以上

🍴 促進腸胃蠕動

材料

椰菜、紅蘿蔔各 30 克，青豆 20 克，麵粉 50 克，雞蛋 1 個

調味料

鹽 1 克

做法

1 椰菜、紅蘿蔔分別洗淨，切細絲，與青豆一起放入沸水灼燙一下，撈出瀝乾；雞蛋打散。

2 麵粉、雞蛋液、椰菜絲、紅蘿蔔絲、青豆、鹽和適量水和成麵糊。

3 煎鍋放油燒熱，倒入適量麵糊煎至兩面金黃色即可。

百合蜜

適合年齡
1 歲以上

🍴 軟便潤腸

材料

百合 20 克，蜂蜜適量

做法

1 百合洗淨，待乾。

2 將百合放入碗內，隔水蒸軟，放涼，拌入蜂蜜調勻。

對寶寶的好處

百合蜜有潤腸通便的功效，適合大便秘結的寶寶食用。

寶寶便秘常見問題

Q：新生兒幾天不大便，是便秘嗎？

A： 不一定。因為新生兒由於排便機制未發育成熟，還不能定時排便，常常要等大便積累得很多，直腸壁的神經感受到膨脹壓力，才會引發反射性排出。這就是有些寶寶幾天才排一次大便的原因。

母乳餵養的寶寶由於對母乳中的營養吸收比較完全，食物殘渣較少，反而會好幾天才排一次便，不一定隨吃隨排。

判斷新生兒是否便秘的方法是觀察寶寶大便的性狀。如果性狀正常，幾天不大便也屬正常。

Q：寶寶長時間不排便就是便秘嗎？

A： 很多媽媽認為，寶寶一天沒有大便就是便秘了。在寶寶排便問題上，媽媽覺得寶寶排便應按照一定頻率才正常，如 1 天 1 次或 2 天 1 次。一旦這個頻率被打亂，媽媽就會非常擔心。其實，規律不等於頻率，每個寶寶都有自己的排便習慣，只要寶寶排便不困難，且精神狀態好，媽媽就不需要擔心。

便秘不是以排便間隔時間為標準，而是以大便乾結、排便費勁為依據。如有些寶寶對母乳消化能力很強，消化後食物殘渣少，排便間隔時間就長，但大便不乾燥且排便也不費勁，這屬於正常現象。只有大便乾結且排便費勁才屬於便秘。

大便最後形成於左側降結腸，如果結腸內細菌能夠將食物纖維敗解發酵，就會產生水溶性的短鏈脂肪酸，吸收大量水分。大便中水分正好就是軟便；水分過多就是腹瀉；水分過少就是便秘。便秘時因大便中水分過少，可能是固水的纖維素少，也可能是乙狀結腸冗長或肛門狹窄，導致糞便在腸道中停留時間過長，水分被吸收過多。

排便間隔長，但大便不乾，與腸道吸收功能強，糞便量少，或腸道發育尚不成熟等有關。總之，大便乾結、排便費勁稱為便秘，它不同於排便間隔時間長——有人稱之為「攢肚」。便秘不一定排便間隔長，能每天 1 次，也能每天 2 次或更多，但每次排便均乾、硬。

Q：礦泉水沖奶粉易致嬰兒便秘嗎？

A： 是的。因為礦泉水本身含有豐富的礦物質，而寶寶腸胃消化功能不健全，用礦泉水沖奶粉，容易攝入過多的磷酸鹽、磷酸鈣，進而引發消化不良和便秘。

其實，自來水煮沸後，放至 40℃左右沖奶粉最好。

第 4 章

嘔吐
積極合理
應對最重要

在寶寶發育過程中，偶然會遇到嘔吐的情況，讓爸爸媽媽十分緊張。其實如果瞭解嘔吐的原因、表現，就能合理應對，讓寶寶健康成長。

大多數情況下，嘔吐能自癒

大多數情況下，寶寶嘔吐可以在不接受任何藥物治療的情況下自癒。

對於嘔吐這種症狀，媽媽千萬不要給寶寶服用非處方或處方藥物，除非是醫生特別給寶寶開的藥。

哪些原因會引起寶寶嘔吐？

餵養問題

在寶寶出生後的前幾個月裏，出現嘔吐症狀，很可能是由於不當的餵養導致的，如餵食過量、對母乳或配方奶粉裏的蛋白質過敏。這時媽媽可以在餵奶後多給寶寶拍掃風，每次少餵一點。

此外，餵奶後半小時內，不要讓寶寶做運動，幫助他保持身體豎直。

氣味排斥

有些寶寶聞到某些刺激性的氣味，會產生噁心的感覺，引起嘔吐，如媽媽身上精油味道等。因此，媽媽最好不要使用精油等味道重的物品，也要讓寶寶遠離甲醛濃度高的環境。

感冒或其他呼吸道感染

呼吸道感染也可能引起嘔吐，主要是因為寶寶的鼻腔可能被鼻涕堵塞了，進而使寶寶產生噁心想吐的感覺。

這時可以用醫用棉球拈成小棒狀，沾出鼻子裏的鼻涕，避免寶寶鼻腔裏積存黏液。

腸道疾病

當寶寶腹痛時，可能出現嘔吐的症狀，媽媽應考慮是不是由於腸道疾病引起的嘔吐，如腸梗阻、腸套疊，並馬上帶寶寶就醫。

醫院

過度哭泣

劇烈咳嗽、長時間過度哭泣都可能引起寶寶嘔吐。

雖然寶寶長時間哭泣會引起嘔吐，讓寶寶難受，但事實上這種情況對寶寶的身體不會造成甚麼傷害。

如果寶寶確實是因為這種情況而嘔吐，儘快把嘔吐物清理乾淨，放回床上即可。

注意要在寶寶嘔吐後多安撫他，只要寶寶其他方面都健康，就不必過於擔心寶寶因哭泣而引起的嘔吐。

消化道先天畸形

新生寶寶吃奶後就吐，且嘔吐物中奶汁連帶黏液，可能是寶寶食管閉鎖或胃幽門閉鎖導致。

此外，寶寶出生後一天就頻繁嘔吐，嘔吐物是黃綠色膽汁，且伴有腹脹，沒有胎便，應考慮寶寶是否有肛門閉鎖或直腸閉鎖等先天性疾病。

寶寶服藥時

在餵藥液時，藥液不要太熱、太涼；因餵藥引發嘔吐，可能由於各種原因引起的食道、胃和腸道的逆蠕動，同時伴腹肌和膈肌的強烈痙攣收縮，迫使食管和胃腸道內食物從口中湧出。

感染性因素

胃腸道感染
胃腸道感染是引起寶寶嘔吐最常見的病因。感染有可能引起發熱、腹瀉，有時候還會出現噁心和腹痛。這種感染一般具有傳染性，如果寶寶因此嘔吐，他的玩伴很有可能也會出現相同的病情。

輪狀病毒感染
對於寶寶來說，輪狀病毒感染是引起嘔吐最常見的原因之一，因此引起的嘔吐往往會進一步誘發腹瀉和發熱。

消化道外的感染
有些時候，消化道外的感染也可能引起寶寶嘔吐。

生理性溢奶和嘔吐之分別

寶寶生理性溢奶

只會有少量奶順着寶寶的下巴流出來。

寶寶嘔吐

吐出來的液體很多，同時，寶寶也可能被自己嚇到，並因此哭起來。

不同年齡嘔吐後，漱口方法不同

年齡大（2~6 歲）

對於年齡大點的寶寶，嘔吐後用溫水漱口即可。

年齡小（1~2 歲）

對於年齡小一點的寶寶，嘔吐後可以多次餵水來幫助清潔口腔。

嘔吐症狀緩解後，應停食多久？

當寶寶嘔吐症狀緩解後，可以少量補充溫水，但需要暫時停食。年齡不同，停食時間也不同。

嘔吐後不要頻繁餵食

遇到寶寶嘔吐情況時，媽媽不要着急。

寶寶嘔吐後，其實是胃腸道最需要休息的時候。所以，寶寶嘔吐時不要急於再次餵食，甚至着急用藥，主要是預防和治療脫水。千萬不要認為藥物是止瀉和止吐的，其實盲目用藥治療也可能加重病情。

1 應觀察寶寶幾小時，不要頻繁的給他餵水或其他物質刺激寶寶。

2 觀察寶寶狀況，讓寶寶稍微平息一下，給身體一個自我調整的時機。

3 如果嘔吐真的很嚴重，就要到醫院看看是否需要特別輸液等治療。

怎樣給寶寶補水？

無論甚麼原因引起嘔吐，在病情穩定後可鼓勵寶寶及時補水，既能預防脫水、缺水的情況，還能減少刺激寶寶的嘔吐。如果寶寶有脫水現象，媽媽一定要嚴格按照兒科醫生的指導來給寶寶補充液體。

媽媽給寶寶餵水，可以用小匙一小口一小口地餵，避免讓寶寶大口喝水誘發再次嘔吐。

哪種情況下，寶寶嘔吐要就醫？

如有下列任何一種情況，父母應立即帶寶寶到醫院就診。

1 嘔吐伴有發高熱、精神恍惚、呼吸無反應。

2 嘔吐伴有腹痛。

3 嘔吐，並且每間隔 10~30 分鐘就大哭一次。

4 每次吃奶後都會噴水似的吐奶。

5 撞擊引起的嘔吐。

6 嘔吐時間長，沒有小便。

7 寶寶有脫水體癥。

0~15天嬰兒吐奶

吐奶情況不同，應對方法不同

嬰兒出生後 1~2 天，有的嬰兒會有吐奶的現象。此時，如果嬰兒尚未排出胎便，會讓媽媽擔心是否腸道某處發生了梗阻。但如果排出了胎便，腹部也沒有異常腫脹，嬰兒一般狀態良好，可耐心等待，不必過於擔心。

而嬰兒吃母乳或配方奶粉就吐，可以每天減少 1~2 次母乳或配方奶粉，通常這樣一來就不吐奶了，從第 3 天開始就能好好吃奶了。

遇到以下情況應及時就醫

嬰兒連續嘔吐混有黃綠色膽汁的奶，逐漸出現腹脹，且伴有高熱，應及時就醫。但就醫前要保留嘔吐物，以便給醫生看看，或進行化驗。

寶寶嘔吐伴有高熱時，且有精神不好時，媽媽應及時帶寶寶就醫。

嘔吐物中帶血要分情況

出生後第 2 天或第 3 天，有些嬰兒吐出的乳汁中混有鮮紅色的血液，且大便發黑，就像煮熟的紫菜一樣（血液經過腸道就會變成這種顏色），這種情況稱為新生兒出血症或新生兒黑糞症。

這與血液凝固有關的維他命 K 明顯減少有關。但現在每個新生兒出生後都會注射維他命 K，所以這種出血症已明顯減少。就算沒進行預防而出血的嬰兒，只要用上維他命 K，數日即可治癒。

與此相似的是，不是嬰兒自身出血，而是由於吞下了媽媽的血以後又吐了出來（稱假性黑糞症），或是在產道中吞進了血，或是由於母親的乳頭破裂出血，與奶一起被嬰兒吸吮至胃腸內，這種情況並非是病態。如果是乳頭出血，讓嬰兒停吸 1 天破裂一側的乳房，上述現象即可消失。

開始時，如果弄不清嘔吐物中帶血屬於哪種情況，可進行檢驗，以鑒別是母親的血還是嬰兒的血。

新生兒出血症多發生在生後 2~3 天，而因母親乳頭破裂出血所致懷疑新生兒出血者，多發生在出生 10 天以後。

16~30 天嬰兒吐奶

嬰兒吐奶時間不同，嘔吐物性狀不同

出生 15 天後，寶寶會經常吐奶，有吃完奶馬上吐出來的，嘔吐物呈牛奶狀，也有等 20 分鐘再吐出來的，嘔吐物呈豆腐腦狀，這是因為奶在胃裹停留了一段時間，由於胃酸作用變成了豆腐花狀物。

嬰兒吐奶哪些情況是正常？哪些情況是不正常？

大部分嬰兒期的吐奶都因為「胃淺」

就像開口大容量淺的水池容易溢水的道理一樣，嬰兒的胃淺，一旦寶寶受到刺激，如哭鬧、咳嗽等外力導致腹壓增高，就容易把胃裹的容物擠壓出來。

所以，大部分這個時期的嬰兒的吐奶都是因為「胃淺」導致的。

嬰兒一邊吃奶一邊從嘴角流出來

↓

不必擔心

如果很多奶像噴水一樣湧出來

↓

應該想到這不正常，及時就醫。

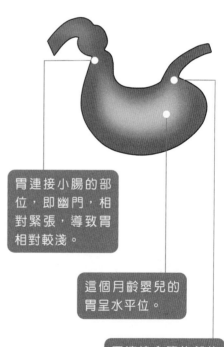

胃連接小腸的部位，即幽門，相對緊張，導致胃相對較淺。

這個月齡嬰兒的胃呈水平位。

胃連接食管的部位即賁門比較鬆弛。

抱起餵奶能緩解嘔吐

有些媽媽喜歡採取平臥姿勢餵奶，這種餵奶姿勢是不科學的，容易造成奶汁在胃裏滯留，導致吐奶。

最佳的餵奶姿勢

抱起寶寶，讓寶寶的身體處於45度左右的傾斜狀態，這樣吸入胃內的奶汁容易進入腸道，能有效降低吐奶的概率。

餵奶速度不宜過快

媽媽餵奶時應適當控制餵奶的速度，給寶寶一定的間歇期，以便寶寶休息一會兒再接着吃，這樣可以避免吐奶。

乳汁流速的控制方法

四指托住乳房，拇指置於乳頭上乳暈處，減慢乳汁的流出。如果乳汁多，壓力大，則需以手指在乳暈處加壓，以控制流速。

俯肩掃風可減少吐奶

寶寶吃奶時會吸進去空氣，就應在餵奶後及時給寶寶掃風。採取俯肩掃風的方法可以有效減少寶寶吐奶。

1. 先鋪一條毛巾在媽媽的肩膀上，防止媽媽衣服上的細菌和灰塵進入寶寶的呼吸道。

2. 右手扶着寶寶的頭和脖子，左手托住寶寶的小屁股，緩緩豎起，將寶寶的下巴處靠在媽媽的右肩上，靠肩時注意用肩去找寶寶，不要硬往上靠。

3. 左手托着寶寶的屁股和大腿，給他向上的力，媽媽用自己的右臉部去「扶」着寶寶。

4. 掃風的右手鼓起呈接水狀，在寶寶後背的位置，小幅度由下至上拍打，很快寶寶就打嗝。

奶嘴的開孔大小適宜，奶汁充滿奶嘴

人工餵養的寶寶吃奶時，要讓奶汁充滿奶嘴，以免寶寶吸入空氣。而且要確保奶嘴上的孔既不太大也不太小，當將奶瓶翻轉時如果有幾滴奶液流出，然後停止，表明奶嘴開口大小合適。所以一個合適奶嘴能預防寶寶生理性溢奶。

奶嘴按照孔徑不同分為小圓孔（Ｓ號）、中圓孔（Ｍ號）、大圓孔（Ｌ號）、Ｙ字孔和十字孔五種，不同型號的奶嘴適用不同月齡的寶寶。

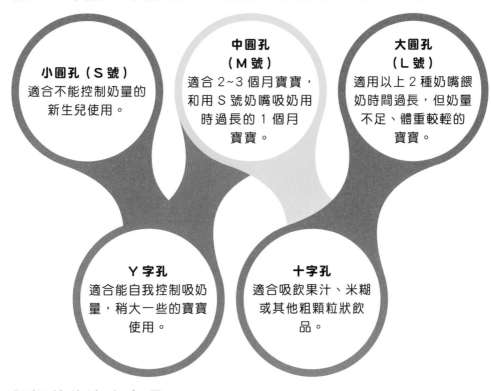

小圓孔（Ｓ號）
適合不能控制奶量的新生兒使用。

中圓孔（Ｍ號）
適合 2~3 個月寶寶，和用 Ｓ 號奶嘴吸奶用時過長的 1 個月寶寶。

大圓孔（Ｌ號）
適用以上 2 種奶嘴餵奶時間過長，但奶量不足、體重較輕的寶寶。

Ｙ字孔
適合能自我控制吸奶量，稍大一些的寶寶使用。

十字孔
適合吸飲果汁、米糊或其他粗顆粒狀飲品。

餵奶前後注意事項

因為寶寶胃容量小，如果吃太多，胃容納不下那麼多奶就容易吐出來。而當寶寶過度飢餓時才餵奶，很容易導致寶寶吃得過多而引發吐奶。所以，不要等到嬰兒極度餓時再餵奶。

餵奶前儘量避免寶寶大哭，大哭易使空氣進入胃內，也容易因此引起吐奶，故應先讓寶寶安靜下來再吃奶。

寶寶吃奶後不要馬上仰臥，媽媽掃風後應慢慢、輕輕地把寶寶放在床上，且臥姿最好處於一個斜坡位或右側臥位。此外，哺乳後不宜馬上給寶寶更換尿布，也不要搖晃或翻動寶寶。

1~11 個月寶寶吐奶

習慣性吐奶的寶寶

在 1 個月到 2 個月寶寶當中，還有一些是習慣性吐奶的寶寶。他們基本上是從出生後半個月就開始吐奶，尤其是男寶寶比較多。寶寶身體不發熱且精神狀態較好，吐奶前沒有痛苦的表情，突然就「呼」地吐了出來。吐過之後，就像甚麼事也沒發生一樣，就是習慣性吐奶，一般 3 個月，遲一些的 5~6 個月後就會自癒。

育兒專家提醒

如果媽媽給寶寶餵奶時不抱着寶寶，寶寶吐奶的情況比較多見。因此，媽媽給寶寶餵奶最好要把寶寶抱起來，餵完奶後將他上身直立，直到拍出嗝為止。

爺爺嫲嫲注意

爺爺奶奶看到寶寶無論怎樣改變母乳餵養方法和人工餵養的餵養量，都不能使其吐奶情況得到控制，十分的擔心。其實，只要寶寶精神狀態好、大便沒有甚麼變化，生長發育沒有問題就沒事。

吐奶後別忘了餵奶

寶寶吐奶的量有多有少，如果吐奶很多的話，寶寶很容易餓，可能間隔不到 3 小時就會因想吃奶而苦惱，這種情況要及時餵奶。而且，對於 6 月以內的寶寶應按需要餵養。但對於人工餵養的寶寶，如果從添加配方奶粉就經常吐奶，應試着減少配方奶粉的量或更換品牌試試。

搭臂掃風和面對面掃風

媽媽給寶寶餵奶後，要及時給寶寶掃風，可以採用搭臂掃風方法。

1. 兩隻手抱住寶寶的腋下，讓寶寶橫坐在媽媽大腿上。

2. 寶寶的重心前傾，媽媽將左手臂搭好毛巾，同時從寶寶的腋下穿過，環抱住肩膀，支撐寶寶的體重，並讓寶寶的手臂搭在媽媽的左手上。寶寶面部朝外掃風。

面對面掃風

① 媽媽雙腿併攏，讓寶寶端坐在大腿上和媽媽面對面。

② 一隻手從側面環繞住寶寶的後背，另一隻手拍寶寶後背。

這種姿勢的好處是媽媽和寶寶面對面，能夠瞭解寶寶的情況，看清寶寶的面部表情變化。需要注意的是，特別小的寶寶不能坐，依然要採用俯肩掃風法。

甚麼情況下控制母乳量？

> 在母乳餵養的寶寶當中，過1個月之後仍經常吐奶。

> 多發生在母乳分泌旺盛期，每次吃奶不把兩側乳房都吃淨。

和上個月相比，寶寶大便次數明顯增多了，且體重增加明顯，每天增加40克以上時，應控制一下餵母乳的量。

推膻中穴，改善寶寶嘔吐

膻中穴位於胸部前正中線上，兩乳頭連線的中點處。媽媽用拇指橈側緣從寶寶天突穴（當前正中線上，胸骨上窩中央）向下直推至膻中穴，50~100次，有利氣寬胸，改善寶寶嘔吐的功效。

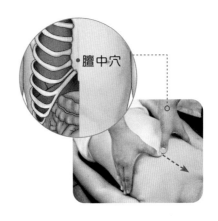

膻中穴

寶寶吐出來的奶流入耳朵怎麼辦？

吐奶的寶寶有時候吐出來的奶會流入耳朵裏，媽媽因此擔心引發中耳炎。其實，不必過於擔心，流入耳朵裏的奶，可以用消毒棉吸出來，但不能用不乾淨的布擦，否則損傷耳道的入口而引起外耳炎。

此外，為了不使吐出的奶流入氣管，對於經常吐奶的寶寶，可以讓其側臥。

哪種情況需要馬上就醫？

如果寶寶吐奶呈噴射狀，吐物有力地濺到床上或地上，則是病態，應及時就醫。

11~12 個月寶寶嘔吐

寶寶突然嘔吐，不必過於擔心

一直很健康的寶寶，突然嘔吐起來，這時候寶寶會比較擔心。其實，由於媽媽瞭解寶寶以往的情況，一般不會患甚麼疾病，所以也不必過於擔心，只要就醫時說明情況就好了。

咳嗽會引起嘔吐

有些寶寶平時易積痰，且發出嘶嘶的痰鳴聲，晚飯後剛躺下就咳嗽，還伴有嘔吐。

這種嘔吐是由咳嗽引起的，只要不咳嗽，就不會發生嘔吐。寶寶嘔吐後，沒有甚麼別的不適，只是時而發出幾聲咳嗽就睡了。當然也不發熱，第 2 天早晨能正常地起床。

過食會引起嘔吐

當寶寶不知不覺吃多食物後胃裏會不舒服，自然就會把這些食物吐出來，這其實是一種自衛。這種過食導致的嘔吐特點是不發熱，寶寶吐完之後情緒會好許多。

一般來說，寶寶遇到這種情況，晚上睡覺前把晚飯吐出來的情況較多，細心的媽媽會發現，寶寶嘔吐之前還會咳嗽，隨着咳嗽食物也被吐出來了。令媽媽欣慰的是，寶寶這種嘔吐既不會發熱，也不會影響精神，吐過之後很快就會酣然入睡。

育兒專家提醒

過去，有一種病稱為百日咳，多是咳嗽伴有嘔吐。但現在預防接種已經很普及了，所以，寶寶患百日咳機會明顯減少。

寶寶晚上吃多了，就先不要儘早睡覺，可以讓寶寶活動一下，消化消化。

嘔吐要小心秋季腹瀉

快滿周歲的寶寶在 11 月末出現反復嘔吐，應考慮是患了「秋季腹瀉」。

如果是秋季腹瀉，寶寶會多次出現水樣便，伴有發熱，但熱度不高，會出現嘔吐，應對策略詳見 70~73 頁。

腸套疊引起的嘔吐應及時就醫

引起寶寶嘔吐的原因很多，但腸套疊引起的嘔吐比較可怕。腸套疊不僅有嘔吐的症狀，還有劇烈的腹痛，寶寶常常突然大聲哭泣，表情非常痛苦，持續幾分鐘就停止了。本以為是好了，可又大聲哭起來，在反復疼痛中嘔吐，也有先嘔吐，進而因疼痛而哭泣的。遇到以上情況，媽媽應馬上帶寶寶就醫。

育兒專家提醒

疝氣的「嵌頓」和腸套疊一樣，有腹痛、嘔吐的症狀，但寶寶不間斷地哭泣與腸套疊不同，也應及時就醫。

感冒可能引起嘔吐

感冒會引起高熱，且伴有嘔吐。一般認為是由於發熱而導致嘔吐的，但實際不是這樣。

這是引起發熱的疾病，使胃的功能受到影響，從而導致的嘔吐，這種情況可以當作感冒來處理。

如果寶寶嘔吐時間不長，可以一點一點地給寶寶餵些鮮果汁等。

確定寶寶是感冒引起的嘔吐，要根據寶寶自身的消化情況和食慾制訂寶寶的食譜，可以餵寶寶一些流食，如米湯、稀粥、熱湯麵等。

此外，就是餵寶寶的次數要相對平時少一些，以免寶寶因消化不良造成嘔吐，那樣會使寶寶的身體狀況更加惡化。

大多數感冒是因病毒感染導致的，抗菌藥物對病情不會有效果。尤其是早期病毒感染，病菌的大量繁殖會加重寶寶的病情。

嘔吐應防止脫水

如果寶寶持續嘔吐，媽媽需要確認寶寶是否發生了脫水（機體丟失過量水分，代謝功能無法正常運行，稱為脫水）。確認寶寶是否缺水可以參考 51 頁。如果寶寶脫水達到嚴重的程度，就可能危及生命。

為了防止這種情況發生，媽媽要及時給寶寶補充因嘔吐丟失的液體。媽媽可以在寶寶嘔吐的間歇一點點地給寶寶餵白開水。如果寶寶不喜歡白開水，可以餵些果汁、湯類。此外，媽媽儘量讓寶寶處於安靜狀態，這樣能緩解嘔吐症狀。

如果寶寶因嘔吐大量失水，應就醫。

育兒專家提醒

寶寶起居要保持空氣新鮮，且定時通風，保持室溫、濕度穩定。

大米湯

適合年齡
6 個月以上

✖ 補充水分

材料
大米 30 克

做法

1. 大米洗淨，用水浸泡 30 分鐘，放入鍋，加水大火煮開，轉為小火慢慢熬成粥。

2. 粥好後，放置 4 分鐘，用湯匙舀上面不含飯粒的米湯，放溫即可。

對寶寶的好處
大米富含澱粉、維他命 B₁、礦物質、蛋白質等，煮成粥後取湯，有利於更好吸收大米的營養，還能為寶寶補充充足的水分。

雪梨藕粉糊

適合年齡
6 個月以上

✖ 補充營養、緩解嘔吐

材料
雪梨 25 克，藕粉 30 克

做法

1. 藕粉用水調勻；雪梨去皮、去核，剁成蓉。

2. 藕粉倒入鍋中，用小火慢慢熬煮，邊熬邊攪動，直到透明為止，再將梨蓉倒入攪勻即可。

對寶寶的好處
雪梨和藕粉都含有碳水化合物、多種維他命等，能促進寶寶食慾，幫助消化，還能緩解寶寶嘔吐。

1 歲~1 歲半寶寶嘔吐

寶寶嘔吐並不完全都是病

寶寶嘔吐不完全是病，把多吃的東西吐出來是一種自衛。寶寶是否吃多了，媽媽最清楚。當寶寶看到特別喜歡吃的食物，就會在不知不覺中吃多。這種過食導致的嘔吐不發熱。

咳嗽引起嘔吐不必太擔心

晚上睡覺前，寶寶因為咳嗽把晚飯吃的食物吐出來的情況較多。這類寶寶平時就有積痰的情況，且總能聽到「呼嚕」聲，多發生在清晨或晚上。晚飯後隨着咳嗽，食物也會吐出來。這時，寶寶不發熱，吐後精神更好，很快就睡着了。

突然發熱伴有嘔吐，應少量多次補水

生活中，寶寶會有突然出現發熱伴有嘔吐的情況。如果是高熱的疾病，常常伴有嘔吐，寶寶會精神非常疲勞。這時，媽媽應採取以下措施。

若孩子精神狀況比較好，可以幫他用溫水洗個澡，將水溫調至 35~37℃，有助於散熱降溫。水溫一定要適當，因為水溫過高會擴張血管，機體耗氧量也會增大，不利於病情的好轉。

如果寶寶夜裏反復嘔吐，需要叫起寶寶讓他吐，吐完之後給他喝水。如果連水都吐出來，那就儘量讓寶寶吐後 1~2 小時保持清醒，逐漸少量多次地給寶寶涼果汁等。如果寶寶不吐了，可以給寶寶餵水。

百合粥

適合年齡
1 歲以上

 潤肺止咳

材料
鮮百合 15 克，蓮子 10 克，大米 25 克

調味料
砂糖 1 克

做法

1. 鮮百合、大米分別洗淨，大米用水浸泡 30 分鐘；蓮子洗淨，去芯，用水泡 2 小時。

2. 鍋置火上，加適量水，放入鮮百合、蓮子、大米，大火燒沸，轉小火煮約 30 分鐘，加砂糖攪勻即可。

對寶寶的好處

百合、蓮子、大米均有潤肺作用。百合入心經，性微寒，還能幫助寶寶寧心安神，有利緩解寶寶咳嗽引起的嘔吐。

蓮子百合羹

適合年齡
1 歲以上

止咳化痰

材料
蓮子 20 克，乾百合 10 克，雞蛋 1 個

調味料
砂糖適量

做法

1. 雞蛋攪成蛋液；乾百合用溫水泡發；蓮子洗淨，去芯。

2. 將蓮子與百合同放在砂鍋內，加適量清水，小火煮至蓮子肉爛。

3. 加入雞蛋液攪勻成蛋花，加砂糖調味即可。

對寶寶的好處

百合、蓮子均有止咳化痰的作用，還有安神的功效，適合咳嗽引發嘔吐寶寶食用。

1 歲半~2 歲寶寶嘔吐

如果寶寶嘔吐了，可能是甚麼原因？

這個年齡的寶寶把吃進去的食物吐出來，媽媽要注意觀察是怎麼嘔吐出來的。

高熱、嘔吐，往往是使咽喉疼痛、嗓子不舒服的疾病導致的。如夏季多是口腔炎，冬季多是病毒性扁桃體炎或鏈球菌引起的咽喉炎。

應對策略

如果寶寶患了口腔炎，媽媽要洗淨雙手，然後用消毒小棉蘸淡鹽水清洗口腔，最後搽上口腔藥物。如果寶寶患了咽喉炎，讓寶寶多喝水，對於已經吃輔食的寶寶，可以嘗試喝點涼的稀飯，或冰涼、稀釋過、甜而不酸的果汁，如稀釋後的蘋果汁、梨汁等。還要在醫生建議下適量用藥。

不發熱而劇烈咳嗽，且伴有嘔吐，往往是由哮喘性支氣管炎引起的。

應對策略

如果寶寶患了哮喘性支氣管炎，媽媽要保持室內空氣清新，加強防寒保暖，可以採取半臥位休息，多喝水，多吃新鮮蔬果，依醫生建議用藥。

多次嘔吐，伴有腹瀉，如果發生在夏季要考慮細菌性痢疾，一般伴有發熱，應及時就醫；冬季時嘔吐和腹瀉一起發生，多是秋季腹瀉，但這種疾病多發生在 9~18 個月的寶寶身上，到了 2 歲時就減少了。

不發熱，且伴有劇烈腹瀉的嘔吐，可能是疝氣的嵌頓。腸套疊在這個年齡不太多，但並不是沒有。

應對策略

如果寶寶患了腸套疊，媽媽應多安撫寶寶，並及時就醫，並積極配合醫生。

育兒專家提醒

如果寶寶平時就有積痰的情況，但精神狀態不錯，只是胸中有「呼嚕呼嚕」的痰鳴聲，不必急於看醫生。但如果是沒有接種百日咳疫苗的寶寶，每晚都劇烈咳嗽，甚至憋紅了臉，咳後又嘔吐的話，有可能是百日咳，應及時就醫。

水果薯仔拌飯

適合年齡
1 歲以上

❌ 增強食慾

材料

大米 20 克，薯仔 15 克，紅蘿蔔、菠蘿各 10 克，牛奶 50 克

調味料

生粉少許，鹽 1 克

做法

1 大米洗淨，用水浸泡 30 分鐘；薯仔去皮，洗淨，切粒；紅蘿蔔洗淨，切粒；菠蘿去皮，放鹽水浸泡一會兒，切丁。

2 鍋內倒油燒熱，放入薯仔粒、紅蘿蔔粒翻炒，再放菠蘿粒、牛奶、生粉煮開，待蔬菜熟時再加入大米煮至飯黏稠即可。

番茄炒蛋

適合年齡
1 歲半以上

❌ 提高食慾

材料

番茄 150 克，雞蛋 1 個，葱末、蒜末各 5 克

做法

1 番茄洗淨，去皮，切塊；雞蛋打散，油鍋放入雞蛋炒散，盛出。

2 鍋留底油燒熱，放入番茄翻炒，略燜一會兒，加鹽翻炒片刻，加入雞蛋塊，撒上葱末、蒜末，翻炒片刻即可。

對寶寶的好處

番茄富含多種維他命和礦物質，且味道酸酸甜甜，有提高食慾的作用，還能補充多種營養，適合嘔吐的寶寶食用。

2~3 歲寶寶嘔吐

寶寶如果嘔吐，應檢查是否發熱

這個年齡的寶寶如果嘔吐，首先應查明是否有發熱的情況。白天一直到傍晚都非常精神的寶寶，入睡後一會兒就將晚飯吃的東西吐了出來，且體溫超過 38℃，可以考慮是疾病所致。

對於 2~3 歲的寶寶突然高熱，最多見的是感冒了。

嘔吐伴隨症狀不同，原因也不同

寶寶沒有發熱卻把吃的東西吐出來，需要看寶寶的精神狀態如何。若嘔吐後又若無其事地玩，就不必擔心。

應對策略

這可能是食物隨着咳嗽一起嘔吐出來，也可能是吐出了多吃的食物，吐完寶寶就舒服了。

寶寶沒有發熱卻把吃的食物嘔吐出來，渾身乏力、呵欠連連，應考慮可能是過度運動所致，如果在這之前拼命玩了一天的話，一般可以診定是這一原因。

出現嘔吐，沒發熱但突然腹痛很嚴重，且腹痛反復發作，可能是腸套疊，但 2~3 歲的寶寶很少發生。

從深秋到冬季，如果寶寶把吃下去的食物嘔吐出來，且嘔吐後稍微腹痛，可能患了「秋季腹瀉」。超過 2 歲的寶寶，秋季腹瀉並不多見，大多只嘔吐持續 1 天到 1 天半。

育兒專家提醒

過度運動所致寶寶因為點兒甚麼高興的事，盡情歡鬧的次日，出現癱軟嘔吐等情況，一般從 2~3 歲開始，一年內發作 4~5 次，直到上了幼稚園才好。

冰糖蘿蔔

 防秋燥引起的咳嗽、嘔吐

材料

冰糖 2 克，白蘿蔔 100 克

調味料

蜂蜜少許

做法

1. 白蘿蔔洗淨，去皮，切成圓柱形。然後將每一個蘿蔔中間挖一個圓形的洞，把冰糖放到蘿蔔中間，大火蒸 30 分鐘。

2. 取出，放至溫熱，在每個蘿蔔中加蜂蜜即可。

對寶寶的好處

蘿蔔有止咳化痰、生津止渴的功效，加上具有養陰生津、潤肺止咳功效的冰糖和蜂蜜，能很好地輔助治療寶寶因秋燥引起的咳嗽、嘔吐情況。

蜂蜜蒸梨

輔助治療嘔吐

材料

鴨梨 250 克，杞子 5 克，蜂蜜少許

做法

1. 鴨梨用清水洗乾淨，用刀削掉頂部，再用小匙將內部的核掏出來。

2. 將梨肉挖出一些，放入清水、杞子。

3. 梨放小碗內，蒸 20 分鐘，放溫後加入蜂蜜即可。

對寶寶的好處

蜂蜜蒸梨能滋陰潤肺、止咳祛痰、護咽利喉，對咳嗽引起的嘔吐有輔助治療效果。

3~6 歲寶寶嘔吐

寶寶突然嘔吐，怎麼辦？

當寶寶突然嘔吐時，媽媽首先要先摸摸寶寶的額頭，看寶寶是否發熱。

如果寶寶頭熱、身體發燙，嘔吐就是引起發熱的疾病引起的。常見的發熱疾病有感冒、扁桃腺炎等。對發熱的處理，可以參照《護理寶寶呼吸道　不咳嗽、呼吸暢》一書。

半夜發熱、嘔吐，怎麼辦？

寶寶在半夜裏發熱、嘔吐時，在不清楚發熱會發生甚麼情況時，應先觀察一段時間看看疾病的進展。如果寶寶口渴，要讓寶寶多喝水。但如果繼續嘔吐，在嘔吐後昏昏沉沉或發生抽搐時，要叫救護車去醫院。

沒有發熱的嘔吐，要仔細觀察嘔吐後寶寶狀況

寶寶突然嘔吐但沒有發熱時，要仔細觀察嘔吐後寶寶的狀況。

如果寶寶嘔吐後精神十足地玩耍，要考慮是吃多了，因積食物導致的。

如果寶寶嘔吐後沒有精神，昏昏沉沉、連連呵欠，要考慮是自體中毒的情況。但很少寶寶4歲後才開始發生，多是從2~3歲時開始。

嘔吐不伴有發熱，如果寶寶此前有過頭部嚴重外傷，可能是外傷所致，如果持續嘔吐、頭痛，應儘快去醫院就診。

不發熱而嘔吐，寶寶腹部好像有劇痛時，有可能是腸梗阻。如果是患有疝氣的寶寶，看是否有嵌頓，可以檢查一下寶寶的大腿根部。

寶寶嘔吐伴有嚴重腹痛時，就不能不考慮是腸套疊了。腸套疊是嬰兒多發的疾病，幼兒不多見，但腹痛嚴重，應儘早就醫。

與嘔吐相似，有的寶寶因咳嗽把食物吐出來，這多發生在平時有積痰，總是有「呼嚕呼嚕」痰鳴聲的寶寶身上。如果寶寶不發熱，嘔吐後精神也不錯，就不必擔心。

鯽魚薑湯

適合年齡 4 歲以上

🍴 止嘔、開胃

材料
生薑 15 克，鯽魚 100 克

調味料
桔子皮 10 克，蔥末 5 克，鹽 2 克

做法
1. 鯽魚去鱗、鰓和內臟，洗淨；生薑洗淨，切片，與桔子皮一起用紗布包好填入魚腹內。
2. 鍋內加適量水，放入處理好的鯽魚，小火燉熟，加鹽、蔥末調味，取湯給寶寶喝。

對寶寶的好處
薑性溫，味辛，有溫中止咳的功效，還能緩解寶寶嘔吐症狀，也能開胃。

檸檬薑汁

適合年齡 1 歲以上

🍴 緩解寶寶嘔吐

材料
檸檬 5 克，新鮮生薑 15 克

調味料
蜂蜜適量

做法
1. 檸檬洗淨，去皮，切塊；新鮮生薑洗淨，去皮，切塊。
2. 將檸檬塊、生薑塊一起放入榨汁機中，加適量飲用水榨汁，去渣取汁，煮開後待溫，加蜂蜜即可。

對寶寶的好處
檸檬有益胃止嘔的功效；生薑有溫中止嘔的功效，兩者搭配食用有緩解寶寶嘔吐的功效。

第 5 章

厭食
找到原因，對症調養

小兒厭食是指寶寶較長時間食慾減退，甚至討厭進食的一種消化功能紊亂症狀，臨床特徵是對所有食物均不感興趣，甚至厭惡。

寶寶為甚麼會厭食？

現在寶寶厭食發病率較高，嚴重影響寶寶的生長發育。要解決寶寶吃飯問題，必須首先搞清楚導致寶寶厭食的原因，以便對症下藥。

寶寶吃零食過多

有些寶寶在飯前吃大量的高熱量零食，到了吃正餐的時候沒有饑餓感，根本就沒有食慾，過後又以點心充饑，造成惡性循環，於是就形成了厭食，媽媽應控制寶寶的零食。

缺乏營養素

寶寶的日常飲食不均衡，導致體內缺鋅、缺鈣、維他命B雜等，使得寶寶沒有食慾，這時媽媽要均衡寶寶的飲食，保證營養均衡攝入。

體質弱，經常生病

有的寶寶經常感冒、腹瀉或患有其他慢性病，這會使寶寶的脾胃功能變差，影響了寶寶的食慾。碰到這種情況，需要請教醫生進行綜合調理。

感染寄生蟲

寶寶脾胃的抵抗力較差，如果不注意衛生，很容易感染寄生蟲。如果寄生蟲在寶寶體內繁殖過多，就會擾亂寶寶正常的消化與吸收功能，令寶寶厭食。這時候可以吃些打蟲藥。

藥物影響

有些寶寶愛生病，媽媽常擅自給寶寶用些含抗生素的藥物，如紅黴素、磺胺類藥物等，往往會引起噁心嘔吐，導致厭食，媽媽應遵醫囑給寶寶用藥。

媽媽強迫寶寶進食

有些媽媽為了讓寶寶多吃一點，就強迫寶寶進食，從而影響寶寶的情緒，形成條件反射性拒食，進而發展成厭食，媽媽應通過改變烹調方法等引起寶寶進食。

運動量不足

寶寶的戶外活動少，與其他小夥伴的交往少，使寶寶的消耗少，就不容易產生饑餓感，進而吃得少，看起來像厭食。無論寶寶多大，都要經常運動，增加能量消耗，進而增加進食量。

進餐前或進餐時，過度興奮或緊張

有的寶寶在進餐前玩得過於興奮，活動量過大，吃飯時心神未定，自然沒有食慾。此外，有些媽媽專愛在寶寶進餐時訓斥和數落寶寶，使寶寶精神緊張，難以喚起食慾。所以，媽媽要給寶寶創造安靜、愉悅的進餐環境。

飲食無度

有些媽媽總是擔心寶寶吃不飽、長不高，給寶寶買大量高蛋白、高糖的營養滋補品，每餐魚、肉，喝各種含糖飲料，這樣會損傷寶寶的腸胃，使腸胃不能正常消化與吸收。久而久之，寶寶的食慾必然下降，引起厭食。寶寶正常飲食即可，不必額外增加營養品。

厭食有哪些危害？

如果寶寶厭食長期得不到改善，可能導致寶寶嚴重的營養不良，進而影響寶寶的生長發育，造成免疫功能下降，甚至會引起並發症。

營養失衡

寶寶需要的營養就像一塊蹺蹺板，只有飲食多樣化、營養均衡，才能讓蹺蹺板保持平衡，促進寶寶健康成長。很多寶寶不好好吃飯導致厭食，進而出現鐵、鈣、鋅等多種礦物質及維他命缺乏，就會患有貧血、佝僂病、鋅等微量元素缺乏症，反之，貧血、缺鋅又會加重厭食，形成惡性循環。

體重偏輕、身高增長速度緩慢

長期厭食的寶寶多體重偏輕、消瘦、身高增長速度緩慢。因此，很多長期厭食的寶寶身高低於同齡寶寶，甚至有部分寶寶個子矮小和長期厭食有直接關係。

抵抗力差，易生病

寶寶長期厭食，不能從日常飲食中獲取足夠的營養來提高免疫力，因而抵抗力差，易感冒、發熱等。

影響寶寶智力發育

如果寶寶長期厭食會導致大腦所需營養素缺乏，阻礙腦神經細胞發育，並因此影響寶寶的智力發育。

易出現極端性格

由於寶寶厭食，媽媽常用威脅、責罵等方法逼迫寶寶吃東西，這樣不但不能糾正寶寶厭食，還是使寶寶產生逆反心理，長此以往，會導致寶寶出現極端性格。

如何預防寶寶厭食？

不要在寶寶面前評論飯菜

有些媽媽就有偏食、挑食的習慣，常常無意識地在飯桌上評論飯菜好吃或不好吃，這樣很容易潛移默化地影響寶寶對飯菜的喜好。所以，媽媽不要在寶寶面前評論飯菜，有利於預防寶寶厭食。

不要強迫寶寶進食

有些媽媽為了寶寶能多吃點飯，花費大量的心思給寶寶做輔食，但一看到寶寶不愛吃，就火兒大，下意識的行為就是強迫寶寶進食，時間長了寶寶就會見了飯菜就緊張，並且吃不了多少就飽了。

創造良好的進餐環境

寶寶應該在輕鬆愉快地環境下進食。因為寶寶消化系統很容易受情緒的影響，一旦出現精神緊張，就會導致食慾下降。此外，寶寶進食前，媽媽應將所有玩具都收起來，避免寶寶邊吃邊玩。

增加寶寶的活動量

寶寶必需每天參加一定的運動，小寶寶可以由媽媽抱着蹦一蹦、跳一跳，大點寶寶可以自由活動。這樣才能幫助消化，產生饑餓感，也就不會出現厭食的情況。但需要注意的是，在進食前半小時應避免激烈運動。

如何判斷寶寶是否厭食？

生活中，媽媽可以通過寶寶的症狀來判斷是否厭食。

判斷選項	症狀	可能引起的疾病
看年齡	對於 1 歲以下的寶寶，尤其是新生兒發現食慾下降	多是疾病所致，如敗血症、佝僂病、各種營養缺乏症等，應引起高度重視
	年齡稍微大點的寶寶出現不愛吃飯等情況	可能是由零食吃得過多、飲食習慣不好、缺鋅、鈣等因素引起的，應養成良好的飲食習慣
看食慾缺乏的程度	如果寶寶只是不想吃飯	可能是零食過多、天氣、心情不好等原因所致
	如果寶寶出現拒絕進食的情況	可能是厭食症或其他潛在的疾病所致
食慾缺乏是否伴有併發症	精神狀態不錯	多屬正常情況
	伴有精神萎靡、低熱	多為結核或其他感染
	伴有腹痛和便血	應注意消化系統潰瘍、寄生蟲等
	反應遲鈍、皮膚粗糙、少汗	應注意甲狀腺功能低下
	多汗、方額、顱骨軟化等骨骼改變	多是佝僂病

哪種情況下，寶寶厭食要看醫生？

如有下列任何一種情況，父母應立即帶寶寶到醫院就診。

1 新生兒厭奶。

2 厭食伴有精神萎靡、低熱。

3 厭食伴有腹痛、便血、多汗等。

4~6 個月寶寶厭奶

甚麼是厭奶？

「厭奶」是許多媽媽在照顧寶寶時遇到的情況，其實這只是一個自然的生理調適過程，代表寶寶該吃輔食了。所以對於寶寶奶量的攝入，應順其自然而不是強迫。

首 3 個月

寶寶吃奶專注，餓了就吃，飽了就睡，體重快速增加。

4~6 個月

喝奶量開始減少，胃口不佳，吃奶總是吃吃停停，且很容易因外界干擾而停止吃奶。還有一些好奇的寶寶，只要周圍有人走動、有聲響，就停止吃奶。顯然其他事情對他來說，比吃奶更有趣。這一時期被稱為「生理性厭奶期」，是寶寶常有的「厭奶」現象。其特點是寶寶發育正常、精力充沛，只是吃奶量暫時減少，一個月左右就會自然恢復食慾。

育兒專家提醒

寶寶出現厭奶的時間會有個體化的差異。生活中有些寶寶會提早在 4~5 個月大就出現厭奶。提早厭奶的寶寶排除了病理性厭奶，大多較一般寶寶成長得快且好。

如何判斷寶寶是否厭奶？

寶寶進入厭奶期後，最明顯的症狀就是吃奶量減少了，因此可以根據寶寶每天所喝的奶量判斷寶寶是否厭奶。如果低於所需的奶量，沒有生病，且處於 4~6 個月大，寶寶就可能已經進入厭奶期了。

一般而言，4 個月大的寶寶，計算奶量是以寶寶的體重和每天的餐次來計算的。

體重 ×（120~150 毫升）÷ 每天餐次 = 一餐的奶量

例如，4 個月大的寶寶，體重約 6 公斤，一天大約喝 6 次奶，那麼：

6 公斤 ×（120~150 毫升）÷6=120~150 毫升 / 每餐

如果寶寶每餐的量少於上面的數據，可能寶寶到了厭奶期，開始可能不會有太大的變化，但慢慢地就會影響寶寶的生長發育。所以，應根據寶寶的厭奶情況採取相應的措施。

爺爺嫲嫲注意

有些老人看了上面的公式，就會想到是不是一定要每隔 4 小時就給寶寶餵奶呢？其實不是絕對的，上面公式只是一個平均值。寶寶的消化速度是不一樣的，早或晚吃一會兒沒有太大的影響，不用把時間卡得那麼死，但要學着找到適合自家寶寶的規律。

厭奶分為哪幾類？

寶寶出現厭奶情況，媽媽不必過於擔心，首先應瞭解寶寶屬哪種厭奶。厭奶可分為生理性厭奶和病理性厭奶兩大類。厭奶期的長短因人而異，從數周到數個月不等。

分類	具體情況	持續時間
生理性厭奶	是寶寶生長速度趨緩的一種正常生理現象，不會影響寶寶的活動力、生長發育，也不會發生營養不良	一般持續時間較短
病理性厭奶	多是由疾病引起的，易造成寶寶生理上的不適，進而進食量少，食慾下降，容易導致寶寶營養不良，需要積極治療，以免影響寶寶的發育	通常持續時間較長

緩解長牙時的不適感

4個月後，有些寶寶開始長牙了，就會出現不適感，也會影響寶寶吃奶，導致寶寶厭食。媽媽可以採取以下的措施緩解長牙的不適感。

按摩牙齦

媽媽可以洗淨手指輕輕地給寶寶按摩牙齦，有助於緩解寶寶牙齦不適。也可以給寶寶做臉部按摩，放鬆臉部肌肉，也能達到緩解牙齦不適的效果。

冷敷牙齦

每天用紗布蘸點涼水輕輕擦拭寶寶的牙齦，也能緩解牙齦不適。可以讓寶寶咀嚼在冰箱冷藏室裏冰過的牙膠（是冷藏室裏放涼爽的，而不是冷凍室裏冷凍過的）。

巧用奶瓶緩解牙齦不適

媽媽可以在奶瓶中注入水或果汁，然後倒置奶瓶，讓液體流入奶嘴，放入冰箱中冷凍，寶寶會非常喜歡咬奶瓶的凍奶嘴，但要不時查看奶嘴，確保完好。

育兒專家提醒

媽媽在用紗布給寶寶擦拭牙齦時，一旦發現寶寶咬嘴唇就要及時制止。如果寶寶咬着不肯放也不要硬來，可以輕輕撓撓寶寶的小嘴唇使他放開。

爺爺嫲嫲注意

爺爺奶奶通常認為寶寶不能吃涼東西，其實不然，這時候可以給寶寶吃些冰香蕉或冰紅蘿蔔條，既可以緩解長牙不適，還能吸引寶寶的興趣。

安靜固定的吃奶環境，有利於寶寶專心吃奶

當寶寶真的覺得餓的時候，肯定會好好吃奶。寶寶之所以不好好吃奶，主要是因為不太餓，且被周圍有趣的事物所吸引，不願意放棄「探索」。

對於這種注意力分散導致的「吃奶量減少」現象，媽媽要給寶寶提供一個相對安靜固定的吃奶環境，減少外界的刺激和干擾。

不宜頻繁更換配方奶粉

由於寶寶腸胃發育不成熟，而各種配方奶粉配方也有一定的差異，如果換了另一種奶粉，那麼寶寶就需要重新適應，這樣容易引起寶寶腹瀉，所以不建議頻繁給寶寶換配方奶粉。

頻繁換奶粉容易出現腸胃不耐受

由於寶寶腸胃發育不成熟，媽媽若頻繁給寶寶更換奶粉，會讓寶寶胃腸道無法迅速適應變化，導致胃腸道不耐受，如腸絞痛、便秘、腹瀉、嘔吐等，甚至影響寶寶長個和智力發育。引起寶寶胃腸道不耐受的原因有以下幾種。

牛奶不耐受	乳糖不耐受	脂類不耐受
奶粉中有大分子蛋白質，而寶寶胃腸道不能完全消化。	寶寶缺乏乳糖酶，無法把雙糖水解為單糖，就會導致腹瀉、腹脹、腹痛等。若大便中有泡沫、酸臭味，就可能是乳糖不耐受導致的。	很多奶粉添加了棕櫚油，這種棕櫚油容易與腸道中鈣離子結合，形成鈣皂，若鈣皂和大便結合，大便就會變硬。

甚麼情況下需要換奶粉？

當寶寶出現腹瀉或便秘、腹脹或吐奶一周以上，排除疾病導致的情況，應及時更換奶粉。

媽媽給寶寶選擇奶粉時，首先應選擇適合自己寶寶的奶粉，如腸胃不太好的寶寶，應選擇有益於消化的奶粉，其次要考慮寶寶的口味喜好。

怎樣給寶寶換奶粉

媽媽可以用「新舊混合」的方法轉奶。

> 先在原奶粉裏添加 1/3 的新奶粉，吃兩三天沒甚麼不適後，再原的和新的奶粉各 1/2，吃兩三天沒問題的話，再原的 1/3，新的 2/3 吃兩三天，最後過渡到完全新奶粉，切忌不宜太急。

不同品牌的配方奶粉轉換

以原來每天吃 6 餐奶粉為例，每天添加量如右表

原奶粉 ●
新奶粉 ▲

	換奶時間	每天新舊奶粉替換比例
	第 1~2 天	● ▲ ● ● ● ●
	第 3~4 天	● ▲ ● ▲ ● ●
	第 5~6 天	● ▲ ● ▲ ▲ ●
	第 7~8 天	● ▲ ▲ ▲ ▲ ●
	第 9~10 天	▲ ▲ ▲ ▲ ▲ ●
	第 11 天	▲ ▲ ▲ ▲ ▲ ▲

添加輔食，順利渡過厭奶期

6 個月（180 天）後的寶寶所需能量的有一部分來自輔食，所以應及時添加輔食，以彌補奶量不足。輔食添加原則如下。

由一種到多種

寶寶剛開始添加輔食時，要先添加一種食物，等確認這種食物不過敏後，再添加另一種食物。每一種食物需適應 1 周左右，這樣做的好處是如果寶寶對食物過敏，能及時發現並找出過敏源。

由少到多

給寶寶添加一種新的食物，必須先從少量開始餵起。媽媽需要比平時更仔細地觀察寶寶，如果寶寶沒有甚麼不良反應，再逐漸增加一些。

由稀到稠、由細到粗

給予的食物應逐漸從稀到稠，添加初期給寶寶吃一些容易消化、水分較多的流質輔食，然後慢慢過渡到各種蓉狀輔食，最後添加柔軟的固體食物。給予食物的性狀也應從細到粗。

鮮粟米糊

冬菇西蘭花牛肉粥

奶嘴洞大小要適當

有些人工餵養的寶寶喝奶少，可能是因為奶瓶上奶嘴的奶洞太小，使寶寶不能順暢喝到奶，因此喝的量才減少。所以，給寶寶選擇合適的奶嘴也能預防寶寶厭奶。

媽媽可以先將奶瓶裝部分奶液，然後倒過來，檢查一下奶瓶上奶嘴的奶洞，是否能順利流出，通常最佳的速度是 1 秒 1 滴，滴不出來或滴得太快都不好。

迷糊奶吃不得

有些媽媽為了讓寶寶多吃奶，常會在寶寶半睡半醒的時候給他餵奶，這種做法是不對的，會讓寶寶覺得吃奶應該是在困的時候，清醒時就不吃，容易形成白天厭奶。

推脊能緩解寶寶厭奶

寶寶俯臥床上，媽媽的雙手食指放在背部的尾骨處，即長強穴（尾骨尖端與肛門連線的中點處）。雙指同時沿着脊柱方向向上推動至寶寶頸椎下方突起處的大椎穴（第 7 頸椎棘突下凹陷處）。督脈較長，可分三次至大椎穴處。

寶寶不接受配方奶粉怎麼辦？

寶寶不接受配方奶粉一般有兩種情況。

身體不接受

因為寶寶對配方奶粉不耐受或過敏。如果經過醫生診斷，寶寶真的對食用的配方奶粉過敏，媽媽就需要考慮給寶寶食用經過特殊工藝加工的水解蛋白配方奶粉。

形式上不接受

指母乳餵養的寶寶不接受配方奶粉。媽媽的母乳真的不夠寶寶吃，就要添加配方奶粉。但媽媽給寶寶餵配方奶粉時，寶寶聞到媽媽身上的母乳味道，就會抗拒配方奶粉，所以如果要給寶寶餵配方奶粉，可以由家裏其他人來進行。但是如果寶寶一直不接受配方奶粉，甚至影響了生長發育，而媽媽奶水又少，可以先餵配方奶粉，然後再讓寶寶吃母乳。等寶寶接受配方奶粉後再先餵母乳再餵配方奶粉。

育兒專家提醒

有些媽媽會問：寶寶吃母乳也吃配方奶粉，會出現消化不良嗎？其實，如果寶寶身體健康，就不會出現消化不良的情況。如果寶寶出現消化不良，就要考慮是否寶寶胃腸道存在健康問題，或者寶寶對牛奶蛋白不耐受，出現了過敏。

寶寶厭奶常見問題

Q：6 個月寶寶突然拒絕吃母乳了，如何是好？

A： 寶寶出現這種情況，不排除可能由於生理性厭奶引起的，最好及時給寶寶添加輔食，如米糊、菜蓉等，可逐漸改善寶寶厭奶情況。此外，如果給寶寶添加輔食後，寶寶仍然不願意吃母乳，需及時添加配方奶粉，以免寶寶出現營養不良。但不建議長期用配方奶粉代替母乳，應盡力母乳餵養。

Q：剛開始加輔食的寶寶為甚麼不喜歡喝奶粉了？

A： 寶寶輔食多滋多味，比味道單一的配方奶粉更讓寶寶喜歡，所以寶寶會出現厭奶的情況。但媽媽還是應讓寶寶繼續增加奶粉的攝入，可以少量多次餵奶，以保證奶量。因為對於剛添加輔食的寶寶來說，奶和輔食都是很重要的營養來源，不能因多餵輔食而減少奶的攝入量。

Q：4 個多月的混合餵養寶寶不願意吃奶粉，只喝水，怎辦？

A： 如果寶寶沒有發熱、腹瀉、精神不好等症狀，只是厭奶，像是進入厭奶期。這時候寶寶暫時吃奶少一些，只要喝水充足，不會出甚麼問題。寶寶會根據自己的消化能力進食奶量，保證肝臟、腎臟得到充分的休息而恢復功能，一般經過 10 天到 1 個月就會恢復正常進食量。

Q：寶寶每次吃的特別少怎麼回事？

A： 很多媽媽給寶寶餵養是按絕對餵養量進行的，實際上寶寶每次接受量會有一定差別。每次餵養應連續，等寶寶不吃了再停止，這樣容易造成寶寶對進食厭惡，形成厭奶。此外，不要將寶寶的進食量與其他寶寶進行橫向比較，每個寶寶的進食量不同。

Q：6 個月寶寶最近開始厭奶，每次都吃不多，怎麼辦？

A： 對於 4~6 個月的寶寶可能出現生理性厭奶，主要是因為輔食的美味搶奪了單一奶的味道，再加上寶寶對周圍事物好奇心，轉移了吃奶的注意力。生理性厭奶持續時間為 2~4 周，建議在寶寶生理性厭奶期間，媽媽可以選擇安靜衛生的餵養環境，減少人為的噪聲干擾，在餵奶前一段時間，不要做劇烈的運動。

1~6 歲寶寶厭食

找對原因，對症治療

寶寶常常將一口食物含在嘴裏，久久不肯吞下去，要不然一頓飯要餵 1~2 小時，媽媽因此大傷腦筋。遇到這樣的厭食情況，媽媽要先找到原因，才能對症治療。

飲食習慣不好

吃飯不規律、暴飲暴食、饑飽無度、挑食、偏食、過多吃零食等都會影響寶寶的食慾，導致厭食，媽媽應幫助寶寶養成良好的飲食習慣。

胃腸道疾病

如果寶寶患有慢性腹瀉、腸胃功能紊亂等會導致寶寶食慾下降，引起厭食，應及時治癒相關疾病。

全身性疾病

如果寶寶患有肺炎、結核病等會影響消化功能而導致厭食，應及時治療相關疾病。

藥物因素

有些寶寶愛生病，媽媽就會私自給寶寶用些抗生素、中草藥或中成藥，往往導致寶寶脾胃損傷引起厭食。遇到這樣的情況，媽媽應遵醫囑給寶寶用藥。

缺鋅

有些寶寶有偏食、挑食的習慣，這樣往往導致寶寶營養不良，容易出現缺鋅的情況，而缺鋅導致寶寶厭食，產生惡性循環。

厭食症與假性厭食有區別

顧名思義，假性厭食並不是真正的厭食，而是媽媽過分重視寶寶的食量，又掌握不好寶寶的食量標準，總認為寶寶吃得少。只要媽媽需要瞭解以下兩個問題，假性厭食的問題就迎刃而解了。

1 有些寶寶愛吃零食，到正餐時進食量就會減少，這種飲食狀態會影響寶寶身高、體重增長，但不能視為厭食症。

2 每個寶寶的食量都不一樣，有的寶寶食物吸收利用率高，有的寶寶食物吸收利用率低，即使吃了同樣的營養成分或數量相同的食物，有的寶寶營養能滿足自身需要，有的寶寶明顯不足。所以，寶寶吃多吃少，不要互相比較，每個寶寶都有自己的食量，只要寶寶身高、體重正常增長，就不算真正的厭食症。

寶寶飲食應定時定量

媽媽要幫助寶寶養成吃飯定時定量、不吃零食、不偏食的飲食習慣，多給寶寶安排蔬菜食品，注意營養平衡，為寶寶營造舒適的就餐環境。

吃山楂、白蘿蔔等消食健脾食物

媽媽可以給寶寶吃些消食健脾的食物，如山楂、白蘿蔔等。這樣能加強脾胃運化功能，起到緩解寶寶厭食的作用。

及時補鋅

對於因缺鋅導致的厭食，媽媽可以給寶寶吃些含鋅豐富的食物，如豬膶、花生、核桃等。如果寶寶缺鋅嚴重的話，就應根據醫生的建議選擇藥物補鋅。

當寶寶不吃飯時，檢查寶寶的菜單

在這個年齡段，如果寶寶出現不好好吃飯，厭食的情況，媽媽應該檢查一下寶寶的菜單。

如果每餐的飲食過於單一，就是大人也會吃膩。尤其是吃輔食的寶寶，喜歡尋找多樣的食物，體會吃飯的樂趣。

所以，媽媽應在寶寶飯菜上多花些心思，比如寶寶今天蔬菜吃得少了，媽媽第二天便可多給寶寶補充些蔬菜。

另外，媽媽也可以以 2~3 天為單位為寶寶合理搭配飯菜營養，營養豐富的食譜應包含以下 A、B、C 類食物。

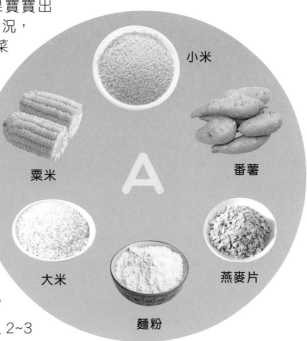

小米

番薯

燕麥片

麵粉

大米

粟米

A

A 類食物主要是富含碳水化合物的食物

B 類食物主要是富含維他命、礦物質用來烹調菜餚的蔬菜和水果。

海帶

冬菇

菠菜

B

橙

西蘭花

番茄

蘋果

魚

蝦

肉類

C

雞蛋

牛奶

豆腐

C 類食物主要是富含蛋白質用於烹調各種湯的食品。

不要強迫寶寶吃飯

> 寶寶吃多吃少，是由他的生理和心理狀態決定的，不會因大人的主觀願望發生改變。

當寶寶拒絕吃飯時千萬不要強迫他吃，否則容易產生厭食。當寶寶感到餓時自然就會吃，要讓寶寶覺得吃飯是一件享受的事。

讓寶寶獨立吃飯

應放手讓寶寶自己吃飯，使其儘快掌握這項生活技能，也為進入幼稚園做好準備。

儘管寶寶已經學習過拿匙羹，甚至會用匙羹了，但寶寶有時還是願意用手直接抓飯菜，好像這樣吃起來更香。

爸爸媽媽要允許寶寶用手抓取食物，並提供一些手抓的食物，如小包子、麵包片、青瓜條、紅蘿蔔條等，提高寶寶吃飯的興趣，讓寶寶主動吃飯。

育兒專家提醒

1. 準備手抓食物要注意，食物一定要軟，但不能軟到孩子用手一碰就爛了。
2. 食物的大小和寶寶的拇指蓋差不多大小。
3. 食物的樣式以寶寶喜愛為好，可以切成丁狀，可以切成片狀，也可以切成條狀，以寶寶方便手拿為準。
4. 把孩子的手洗乾淨即可，不影響衛生。

更換食物花樣，提高寶寶進食興趣

媽媽應該經常更換食物的花樣，如同一種蔬菜可以不斷變化，切成塊、丁、片、絲或者使用可愛的食物模型改變性狀，喚起寶寶的好奇心，提升食慾，讓寶寶感覺吃飯也是件有趣的事。

食物做成的可愛動物造型能吸引寶寶的進食興趣。

育兒專家提醒

有的媽媽花費心思做了很多輔食，但寶寶就是不肯吃，十分着急，先是又哄又騙，哄騙不行，就又吼又罵，甚至大打出手，強迫寶寶進食。殊不知，這樣會影響寶寶的進食興趣，甚至影響健康發育。媽媽可以通過改變烹調方法、食物性狀來引起寶寶的興趣。

創造良好的進食環境

寶寶進食時，媽媽不要逗引寶寶做其他的事情，不要一邊玩耍一邊吃飯，不要一邊看電視一邊吃飯，更不要讓寶寶在媽媽爭吵中進食。

呵護寶寶的心理健康

當寶寶出現厭食情況時，媽媽不要罵寶寶，應該對寶寶進行耐心的引導，讓寶寶對食物產生好奇心和興趣，並幫寶寶改正不良的飲食習慣。

給寶寶捏捏脊，輔助治療小兒厭食

　　讓寶寶仰臥在床上，媽媽用雙手的拇指、食指和中指合作，將寶寶脊柱兩旁的肌肉和皮膚捏起，自尾椎兩旁雙手交替向上推動，直到大椎穴兩旁，算作捏脊一次。重複捏脊 3~5 次，到最後一次時，用手指將肌肉提起，放下後再用雙手拇指在寶寶脊柱兩旁做一下按摩。

　　這種捏脊方法有調理脾胃、調和陰陽，疏通經絡的功效，對輔助治療小兒厭食有效。

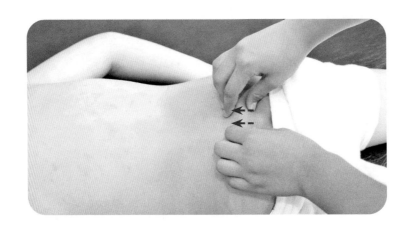

幫助寶寶做腹部按摩，促進腸胃蠕動

　　讓寶寶仰臥在床上，媽媽一邊給寶寶講故事或唱兒歌，讓寶寶充分放鬆，一邊用右手四指並攏，在寶寶的腹部按順時針方向輕輕按摩。每次做 15~20 分鐘，每天睡前 1 次，有利於促進腸胃蠕動，緩解厭食情況。

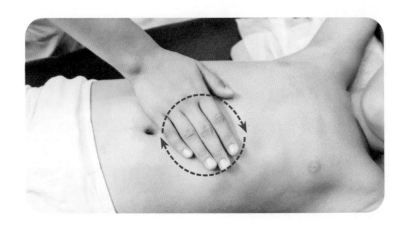

陳皮粥

適合年齡
1 歲以上

 順氣健脾

材料

陳皮 10 克，大米 30 克

做法

1　陳皮洗淨，放入鍋中，加適量水，煎取汁液，去渣取汁；大米洗淨，用水浸泡 30 分鐘。

2　鍋置火上，加適量水和陳皮汁燒開，放入大米熬粥即可。

對寶寶的好處

陳皮所含的揮發油有利於胃腸積氣排出，能促進胃液分泌，有助消化，適合厭食寶寶食用。

山楂麥芽飲

適合年齡
2 歲以上

✖ 增強食慾、養胃潤肺

材料

山楂、炒麥芽各 10 克

調味料

紅糖 1 克

做法

1　山楂洗淨；炒麥芽洗淨。

2　鍋中放入山楂、炒麥芽和適量清水熬煮 30 分鐘，去渣取汁，加入紅糖調味即可。

對寶寶的好處

山楂所含的解酯酶有促進胃液分泌的功能，能促進脂類食物的消化，緩解寶寶厭食。

寶寶厭食常見問題

Q：寶寶食慾不好就是厭食嗎？

A： 不一定，醫學上對寶寶厭食的判斷有標準。

1. 厭食時間多是 6 個月以上寶寶（包括 6 個月寶寶）。
2. 蛋白質、熱量的攝入量不足供給標準的 70%~75%；礦物質、維他命的攝入量不足供給標準的 5%；3 歲以下寶寶每天穀類食物攝入量不足 50 克。
3. 身高、體重均低於同齡寶寶平均水平。
4. 味覺敏銳度低。
5. 一般的厭食時間會持續 2 周以上。

由此可見，很多寶寶的飲食問題並不能認為是厭食，更不能說患了厭食症。

Q：寶寶的食量應隨着年齡增長而增加嗎？

A： 不一定。寶寶的飯量與寶寶的年齡、性別、季節、每天活動量情況、吃飯習慣等有密切關係。如果寶寶今天吃得多一點，明天就會吃得少一點，這也是正常的。導致寶寶短時間內食慾下降的原因有以下幾種。

1. 寶寶患感冒等疾病時，進食量會有所減少。
2. 胃部着涼或吃了過多冷食，會不愛吃飯。
3. 因攝入過多食物或高熱量食物導致積食。
4. 寶寶運動過後出現暫時性食慾下降，甚至根本不想吃東西。

Q：如果寶寶不願意吃飯，能強迫寶寶進食嗎？

A： 不可以。因為強迫寶寶進食可能助長寶寶逆反心理，最終導致寶寶厭食。其實，媽媽可以採取一些鼓勵的方法，如當寶寶吃得比較好時表揚他幾句，讓他心情大好，心情好也能增強寶寶的食慾。

Q：我家寶寶 2 歲半了，這段時間偶爾不愛吃飯，正常嗎？

A： 這也屬正常現象。其實寶寶每天的食量也不是一成不變的，今天吃得多了，明天就可能吃得少了。如果媽媽把寶寶偶爾不愛吃飯當作厭食，並強迫寶寶進食，反而會引起寶寶反感。媽媽要遵從寶寶的進食量，不要強迫寶寶進食或讓寶寶吃得過多。

第 6 章

積食
危害大，
遠超出想像

積食，是中醫的病症，西醫認為是消化不良引起的病症，主要表現有腹脹腹痛、排便困難、口臭、食慾差、睡眠不好、噁心、嘔吐、發燒等。

消化不良的另一種說法是「積食」

消化不良，又稱「積食」。對寶寶來說，就是對某些特定的食物攝入過量了，超出了腸胃的消化能力。

對於自己喜歡吃的食物，寶寶往往沒有自製力，會使勁吃，本來媽媽應該擔起阻攔的責任，但不少媽媽覺得應該讓寶寶吃個夠，殊不知，這不是愛，而是害了寶寶。

其實，寶寶每天吃的食物是多樣的。適量地吃，沒有問題，但同一種食物吃得非常多，超出了腸胃消化能力，就會導致寶寶積食。

育兒專家提醒

很多媽媽會問：「怎麼觀察寶寶的舌苔？」其實，在動態過程中觀察舌苔最好。如媽媽可以經常看看寶寶的舌苔，對寶寶平時狀態有一個瞭解。如果最近幾天發現寶寶舌苔突然比平時厚了，這種變化就很有判斷意義。

警惕！這些症狀說明寶寶積食了

判斷角度	詳細介紹
口氣有異味	寶寶口氣最近變化較大，可能是積食了。情況嚴重的寶寶還有嘔吐的情況，吐出來的都是酸臭的未消化物，也要考慮是否積食。
大便次數增多、有臭雞蛋味	如果寶寶大便次數增多，且每次黏膩不爽，甚至腹瀉，大便有腐敗的臭雞蛋味道，這種情況應考慮積食。
舌苔變厚	寶寶的舌苔中間變厚，有的是整個舌苔變得厚膩，有的是舌體中間出現一個硬幣大的一塊厚舌苔，要考慮是否積食。
嘴唇突然變得很紅	寶寶的嘴唇突然變得很紅，像塗了口紅，這時應懷疑是積食化熱了。這種唇色的變化是一個動態過程，只有媽媽細心才能觀察到。
臉容易出現發紅情況	往往寶寶右側的顴骨部容易出現發紅情況，有的媽媽覺得是寶寶自己捏的，其實往往是積食導致的。
食慾紊亂	開始時寶寶吃不下食物，胃口不佳，但經過一段時間，胃中有熱，寶寶就會覺得肚子餓，但吃完又脹肚，很快又排泄出去了，也可能是出現積食。
晚上睡覺不踏實	寶寶晚上睡覺翻來滾去，身體亂動，比較小的寶寶，在睡覺時還會哭鬧，這就是中醫說的「胃不和則臥不安」，很可能是積食引起。
感冒後容易咽喉腫痛	肉吃多了會導致寶寶積食，只要感冒，就會引起咽喉部感染、各種扁桃體腫痛。
飯後肚子脹痛、腹瀉	如果寶寶吃完飯後，會肚子脹滿、不消化，然後就是肚子痛。腹瀉後肚子痛有所緩解，然後過一會兒再痛、再瀉，如此反復，寶寶可能積食。

積食有哪些危害？

很多媽媽光想着讓寶寶多吃，殊不知，寶寶吃得過多或營養過高，就會超過脾胃消化吸收功能的最大限度，出現積食，而積食的危害是巨大的。

積食與咳嗽

積食會導致咳嗽，因為五臟之間是相互聯繫的。「脾為生痰之源，肺為貯痰之器」，如果寶寶積食過久，會導致脾胃虛弱，容易生痰。

積食與發熱

積食導致發熱，寶寶吃的食物停滯在體內，積滯時間長了就會化熱，熱蒸於內，寶寶體溫就上去了，出現面黃、腹脹、吐奶、大便酸臭異常等症狀。

積食與肺炎

積食導致肺炎，積食會傷脾，脾虛會生痰，痰貯於肺，痰阻肺道，鬱久化熱、傷肺，所以，肺炎的寶寶，把脾胃功能調理好了很重要。

積食與反復呼吸道感染

積食會導致脾胃功能失調，進而影響到肺。所以，積食的寶寶體表一受寒，就容易反復呼吸道感染。

積食與咽喉炎

積食容易化火，寶寶容易因此得咽喉炎。中醫上給寶寶治咽喉炎，除了用解毒利咽的藥外，還會用一些清積清熱的藥，這樣咽喉炎容易好。

哪種情況下，寶寶積食要看醫生？

如有下列任何一種情況，父母應立即帶寶寶到醫院就診。

1 積食引起嘔吐、腹瀉、便秘。

2 積食伴有腹脹、腹痛。

3 積食引起手足發熱、煩躁不安、夜間哭鬧等症狀，且發熱超過 38.5℃。

0~6 個月寶寶積食

新生兒積食有哪些症狀？

① 含着奶水不吞咽，吃一次奶要很長時間。

② 容易腹脹、腹瀉、大便乾結等。

③ 經常感冒、咳嗽，甚至發生肺炎。

④ 煩躁易哭，睡覺不安穩，常常盜汗。

⑤ 鼻樑兩側發青、舌苔又厚又白，還能聞到呼出的口氣中有酸腐味。生長不良，面黃瘦弱，小便短黃或清長，大便酸臭或溏薄。

此外，寶寶積食會引起噁心、嘔吐、食慾不振、厭食、腹脹、腹痛、口臭、手足發熱、皮色發黃、精神萎靡等症狀。

哺乳媽媽飲食清淡，避免高蛋白飲食

對於哺乳媽媽來說，飲食宜清淡，可以喝些絲瓜湯、鯽魚湯等有利於乳汁分泌的食物。不宜過多飲用高蛋白食物，如豬腳湯、雞湯等，否則這些高蛋白會進入奶水中，寶寶吃了這樣的母乳就不容易消化，可能出現「積奶」的情況。

堅持母乳餵養，預防積食

母乳是寶寶最理想的食物，含有較多的脂肪酸和乳糖，鈣、磷比例適宜，容易被寶寶消化和吸收，能預防寶寶積食。

人工餵養寶寶，餵養過度、飲食不當易積食

正常情況下，媽媽應根據奶粉外包裝上的說明沖調奶粉。有些媽媽在給寶寶沖調奶粉時，總是有意無意地多加點奶粉，認為這樣寶寶營養攝入更多，還頂餓，晚上睡得更好。殊不知，奶粉沖太濃往往會導致寶寶積食。

此外，餵奶後 1 小時左右，應給寶寶餵 10 毫升左右溫水。這能預防寶寶積食。

適當運動能緩解積食

寶寶進食 30 分鐘後，可以適當運動一下，以促進胃腸的消化和蠕動，對緩解寶寶積食有益。

較小的寶寶可以由媽媽卡住腋下在腿上蹦蹦、跳跳；大點的寶寶可以自行做一些喜愛的活動等。

6 個月～6 歲寶寶積食

堅持母乳餵養，預防積食

母乳是寶寶最理想的食物，不僅能提供豐富的營養，還容易被寶寶消化吸收，而且含有多種抗體。

所以，堅持母乳餵養是最科學的餵養方式，也是避免寶寶產生積食的方法之一。

預防積食，添加輔食應適當

寶寶要多吃蔬菜、水果，適當增加米類、麵食。控制肉類、牛奶等高脂肪高蛋白飲食的攝入量，這些食物難以消化，會增加腸胃負擔，引起寶寶積食。

所以，應根據寶寶的月齡添加輔食。

月齡	適合吃的食物
7~8 個月	蔬菜蓉、水果蓉、麥片粥等
9~10 個月	青菜洋蔥粥、三角麵片等
11~12 個月	豆腐菠菜軟飯、南瓜菠菜麵等
1~1.5 歲	水果薯仔拌飯、青紅甜椒炒雞粒、黃金瓜等
1.5~6 歲	雞蛋菠菜卷、豬肉韭菜水餃等

註：對於 3 歲以上的寶寶，基本可以和大人吃相似的食物，但要注意飲食均衡，多吃新鮮的蔬菜、水果等，也要合理攝入膳食纖維，均衡飲食。

過早或過晚添加輔食都不好

有老輩認為寶寶兩到三個月就可以添加輔食，給寶寶喝米湯、菜汁，認為這樣長得更快。

添加輔食，是幫助嬰兒進行食物品種轉移的過程，使以乳類為主食的乳兒，逐漸過渡到以穀類為主食的幼兒。因此，添加輔食不能操之過急，要循序漸進，按照月齡大小和實際需要來添加。

嬰兒一般在滿 6 個月之後開始添加輔食，加輔食的過程要遵循由稀到稠、由單一到多樣、由少到多、由細到粗的原則。如果輔食添加過早過快，寶寶還沒有接受一種食物，又開始添加新的東西，這樣會引起寶寶胃腸的不適應，導致食物消化不了，形成積滯。

有些媽媽感覺自己母乳充足，就想多餵一段時間，推遲添加輔食的時間。

有些媽媽覺得添加輔食太麻煩，尤其剛開始添加輔食弄得一塌糊塗，乾脆把米粉、奶糊等裝進奶瓶讓寶寶喝，或者乾脆推遲添加輔食。

其實上面的做法都是不對的，因為過晚添加輔食會導致寶寶攝取不到足夠的營養素，尤其可能使寶寶因缺鐵導致貧血，進而導致寶寶發育減緩。

積食原因不同，應對策略不同

寶寶吃豬肉過多積食，喝山楂水

山楂性微溫，味酸、甘，能開胃消食、化滯消積的功效，有利於緩解寶寶積食。

寶寶吃魚過多積食，可以吃芹菜

芹菜性寒，味甜，涼拌有助於增強脾胃功能。

寶寶吃牛肉過多積食，喝梨汁或直接生吃梨

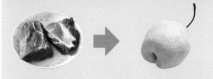

梨性涼，味甘、胃酸，對脾胃解熱有作用，有利於緩解寶寶積食。

寶寶吃麵食過多積食，可以喝麥芽水

麥芽含有豐富的碳水化合物、維他命和助消化的澱粉酶，能夠代替消化劑。

寶寶吃雞蛋過多積食，可以適量吃蒜頭

蒜頭性溫，味辛，對脾臟和胃有作用，能促進體內的氣運循環，增強脾胃功能。

積食後應吃哪些食物？

寶寶積食後，應吃些容易消化吸收且營養豐富的食物，如粥、麵等。還要多吃些促進消化的食物，如山楂雞內金粥、陳皮粥等。

山楂有健胃消食的功效，適合積食的寶寶食用。

循序漸進添加輔食

給寶寶添加輔食要注意循序漸進，應堅持以下原則。

當寶寶6個月時，開始添加輔食。這時，除了母乳或配方奶粉外，還要給寶寶加一些米湯、米糊、菜汁等。

隨着寶寶月齡的增加，胃裏也有了澱粉酶，就可以適當地增加一些含鈣、維他命等較多輔食，如肝蓉、水果蓉、綠葉菜等。

吃得太多會導致積食咳嗽

這個年齡段的寶寶自我控制力很差，看到自己喜歡的食物就會吃得太多，再加上不怎麼運動，停留在胃內的食物不易消化，會造成胃部「積食」。胃裏的胃酸、未消化食物等會返流到喉部，長期刺激下喉嚨就會有不適，進而出現咳嗽的情況。

為此，媽媽要控制好寶寶的食量，避免寶寶引起積食咳嗽。

> 避免寶寶餓了很久才吃輔食。

> 可以引導寶寶吃飯細嚼慢咽。

> 可以給寶寶準備一些有嚼頭的輔食，如芹菜、番薯乾等。

> 飯前可以讓寶寶喝些清淡的湯。

治療積食的小偏方
瓜蔞子湯

薏米15克，桃仁（去皮尖）10克。將薏米、桃仁加2杯水，用小火煎至剩下八分即可。早上空腹服用。可以加適量砂糖調味（1歲以內寶寶不能吃糖），幫助寶寶服用。此方法對脹滿不食、腸胃停滯、腹痛等有很好的療效。

晚上輔食最好清淡，以免增加腸胃負擔

寶寶晚上吃得太晚、太膩、太飽，對腸胃都不利。因為晚上寶寶運動少，腸胃蠕動減慢，吃多了會增加腸胃負擔，不利於消化吸收。

所以，寶寶晚餐最好吃些清淡的食物，如粥、湯、素菜等。進餐時間最好在晚上6點左右，且吃七八成飽即可。

此外，如果吃肉的話最好選擇脂肪含量低的雞、魚等。甜點、油炸食品儘量不要吃，蛋白質、脂肪類要少吃。

多讓寶寶到戶外運動

很多寶寶都是爺爺嫲嫲帶着，下樓不是很方便，這樣寶寶的戶外活動就少，吃得多不運動，長此以往，很容易積食。

所以，爺爺嫲嫲也要經常帶寶寶到戶外活動，不要一吃飽就坐着或睡着。

對於小寶寶來說，可以多讓寶寶趴着，鼓勵寶寶多爬，能自己玩耍的，可以多跑跑、跳跳等，以促進寶寶腸胃蠕動，加速消食。

避免給寶寶濫用補藥

寶寶生病後，要按照醫囑用藥，尤其要慎用抗生素和激素類藥物，不要自作主張，隨便給寶寶吃藥，藥物當用則用，當停則停。

此外，不要動不動就給寶寶吃補藥或強化食品。對寶寶來說，一日三餐是最重要的營養來源。如果寶寶缺乏某種營養素，應在醫生的指導下補充，且儘量食補。

捏捏脊，健脾益胃，緩解積食

寶寶俯臥床上，媽媽用拇指、食指和中指合作，從尾椎骨一直捏到脖子。捏起肌肉和皮膚，放開；再捏起肌肉和皮膚，再放開，不斷重複。

推天河水輔助治療積食

天河水是前臂正中，腕橫紋至肘橫紋成一直線，媽媽可以用食指和中指指面自孩子腕部向肘部直推天河水100~300次，對寶寶積食有輔助治療效果。

緩解積食食譜推薦

 山藥粥

適合年齡
1 歲以上

🍴 輔助治療積食

材料
鮮山藥 50 克，大米 40 克，薏米
20 克

調味料
砂糖 1 克

做法

1 鮮山藥去皮，洗淨，切片；
   大米洗淨，用水浸泡 30 分鐘；
   薏米洗淨，用水浸泡 3 小時。

2 將大米、薏米放入小鍋中，
   加適量水，以中火煮 20 分
   鐘，放山藥片，續煮 5 分鐘，
   放砂糖攪勻即可。

對寶寶的好處
山藥能調理脾胃、滋陰養液，煮成
粥能輔助治療寶寶積食。

山楂雞內金粥

適合年齡
2 歲以上

🍴 健胃消滯

材料
生山楂 1 個，雞內金 2 克，大米
50 克

調味料
砂糖 1 克

做法

1 山楂洗淨，去核，切片，雞
   內金研為粉末；大米洗淨，
   用水浸泡 30 分鐘。

2 將山楂片、雞內金粉與大米
   一起放入鍋中，加適量水熬
   煮成粥，加砂糖調味即可。

對寶寶的好處
山楂、雞內金都有健胃消食的功
效，適合積食的寶寶食用。

寶寶積食常見問題

Q：寶寶積食了，餓他一兩頓，可以嗎？

A： 寶寶偶爾餓一兩頓是沒有問題的，因為寶寶吃多了會增加腸胃負擔，不利於消化。中醫認為「若要小兒安，須得三分饑與寒」，稍微餓一點，對寶寶的消化道、胃液分泌都有好處。

Q：「土方子」消積食是否可以？

A： 可以，但要在醫生指導下用。比如常見消積食的「土方子」由炒麥芽、炒山楂、炒神曲組成，它們分別對澱粉類食物、肉類食物、主食類食物有不錯的消化作用，但用量、服用方法要諮詢醫生。

Q：有甚麼小方法可以促進孩子消化，讓孩子不積食呢？

A： 將濕毛巾加熱，然後趁熱將濕毛巾用塑料袋裝起，放在孩子腹部，讓孩子躺下休息。需要注意，濕毛巾的熱度以不燙傷孩子皮膚為宜。

Q：寶寶積食嘔吐，應怎麼辦？

A： 寶寶積食會導致嘔吐。因為寶寶積食大多是由於過度餵養使脾胃過於疲勞所致。寶寶脾胃先天不足，生長發育迅速，需要營養物質較多，而脾胃功能相對較弱，生長發育的需要常常超過脾胃運化能力，形成積食無法消下去，容易引起嘔吐。

養成按時適量進食的習慣。當寶寶哭鬧時，應先確認哭鬧的原因，千萬不要一哭就餵。當寶寶因過度餵養導致胃腸不適時，應吃些健胃消食的食物。

Q：如何避免寶寶冬季積食？

A： 到了冬季，很多媽媽為了讓寶寶獲得更多的熱量就變着法地給寶寶做輔食。只要寶寶吃，就使勁餵給寶寶。這往往會導致寶寶積食。

所以，這時媽媽要學會控制，不要讓寶寶吃太多、太雜，尤其不能讓寶寶冷熱食物混合着吃或吃太多油膩的食物，以免食物停滯在腸胃內，損傷脾胃，造成寶寶積食。

第 7 章

腹脹
肚子鼓鼓，不可忽視

小兒腹脹即腹部脹滿，可由於腹腔內積氣、積液、腹內巨大腫物或肝脾腫大引起，尤其以氣脹最為常見。當寶寶腹脹時，輕輕敲打其肚子，會發出「咚咚」的聲響。

瞭解腹脹是怎麼回事

生理性腹脹如何出現？

寶寶腹部鼓鼓的，雙腳上揚，尖聲哭喊。

如果出現上面的情況，則屬生理性腹脹，不必過於擔心，可能和以下原因相關。寶寶腹壁肌肉尚未發育成熟，但幼小的腹部卻要容納和成人同樣多的五臟六腑，在腹肌沒有足夠力量承擔的情況下，腹部會因此顯得鼓鼓的。新生兒以腹式呼吸為主，正常情況下，腹部也會稍微隆起，寶寶身體前後呈圓形，不像大人那樣呈扁平狀，所以也會微微隆起。

餵養不當導致寶寶腹脹

1. 寶寶餓得太久才餵奶，導致寶寶進食、吸吮太急促而使其吸入了空氣。
2. 奶嘴孔太大，導致空氣通過奶嘴的縫隙進入寶寶體內。
3. 寶寶過度哭鬧吸入大量空氣。
4. 吸入的奶水在消化道內通過腸內菌和其他消化酶作用而發酵，產生大量氣體。

寶寶消化不良或便秘引起腹脹

| 當寶寶出現消化不良或便秘時會使腸道糞便堆積，導致有害菌增多，產生氣體。 | 牛奶蛋白過敏、乳糖不耐受、腸炎等引起消化、吸收不良也會產生大量氣體。 |

都可能引起寶寶腹脹

寶寶腸道阻塞以腹脹為主

寶寶如果是腸阻塞嚴重的，多在出生後不久就會因症狀明顯而被發現。但如果只是不完全的阻塞，可能拖很久也難發現。如先天性巨腸症，就是因為胚胎發育期腸道神經節由上往下發育不完全而停止，造成大腸末端無法放鬆，使得上方正常的大腸脹得很大，症狀除了有明顯腹脹外，還有胎便延遲排出、便秘的現象。

正常腸道　　　　　先天性巨腸症

寶寶腹脹有哪些危害？

　　如果寶寶只是輕微的腹脹，不必過於緊張，餵奶時多注意，在一定程度上能緩解症狀。可是，如果寶寶腹脹很嚴重，就需要就醫，否則會危害健康，甚至有生命危險。

吸收毒素

腹脹嚴重會導致腸腔內滯留物在細菌的作用下發酵腐敗，產生氣體，容易被腸道吸收，加重腹脹。

影響呼吸

腹部脹氣會導致寶寶橫膈升高，胸腔變小，阻礙呼吸，可能引起呼吸困難。

水電解質失衡

嚴重的腹脹會導致腸腔內滯留物增多，進而壓迫腸壁，不但影響腸內物質的吸收，還會讓腸壁血漿滲入腸腔，導致水電解質失衡。

影響血液循環

腹部脹氣會讓橫膈上提，導致胸腔壓力增大，嚴重影響心臟的舒張和收縮功能。腸腔脹氣會導致腸內壓升高，影響腸壁的血液循環。腹腔內壓力升高，會嚴重影響下腔靜脈回流，進而影響心臟的射血。

哪種情況下，寶寶腹脹要就醫？

　　寶寶一旦出現以下情況，爸爸媽媽要立即帶他去醫院。

1　腹脹伴有頻繁嘔吐、精神狀態差、不吃奶、腹壁較硬、發亮、發紅，有的可見小血管顯露、可摸到腫塊。

2　腹脹伴有黃疸、排白色大便或血便或柏油樣大便、發熱。

3　腹脹嚴重而頑固。

0~7 個月寶寶腹脹

如何判斷新生兒腹脹？

新生兒是否腹脹，不能自己表達，媽媽可以通過以下的方法判斷新生兒是否腹脹。

用手摸

讓寶寶躺下，媽媽用手輕按小肚子感到軟軟的，說明沒有腹脹；假如肚子摸上去感到有些硬，可能是腹脹。

看表現

如果寶寶腹脹，但吃奶、睡覺、精神一切都好，說明不需要特殊處理；如果寶寶不肯吃奶、哭鬧，有吐奶現象，則表示腹脹情況較嚴重，應就醫。

新生兒腹脹分哪幾類？

新生兒腹脹一般分為生理性腹脹和病理性腹脹兩種。

生理性腹脹

可能與新生兒腹式呼吸為主、消化道產氣較多、腸管平滑肌和腹部橫紋肌肌張力低下有關。正常新生兒在進食後有輕度腹脹，但無其他症狀，不會影響新生兒的發育。哭鬧或哺乳時吞下的氣體或腸道菌群發酵產生的氣體也是腹脹的一個原因。

早產兒腹脹常與胃腸消化功能、黏膜屏障功能、胃腸道動力發育不成熟有關，餵養時略有不當就會出現嘔吐和腹脹的情況。

病理性腹脹

新生兒腹脹的病理性原因以感染性疾病居多，主要原因有四種。

1. 致病菌導致腸道內菌群紊亂，腸道黏膜屏障被破壞，腸道內致病菌發生易位。
2. 重症感染引起的全身炎症反應綜合症造成腸道微循環紊亂。
3. 細菌產生的毒素抑制了神經系統，導致中毒性腸麻痹。
4. 腹脹使腸管壁受壓，導致腸胃血液循環和消化功能障礙，加重腹脹。

母乳媽媽應遠離易產氣食物

當寶寶吃完母乳後常有腹脹的情況，媽媽就要小心自己的飲食了，儘量少吃易產氣的食物，如豆類、粟米、番薯、椰菜花、洋葱等。

媽媽要限制糖分攝入

如果母乳中糖分過多，就會傳遞給寶寶，糖分在寶寶肚子裏會過度發酵，就會出現大便稀、次數多、泡沫多、酸味重等現象，也會引起腹脹。

所以，媽媽應注意限制自己攝糖量，適量減少碳水化合物的攝入，可以替換吃些有飽腹感的蔬菜，如南瓜、山藥等。

人工餵養寶寶可更換不含乳糖、豆質或低敏性的配方奶粉

如果寶寶吃了配方奶粉後就出現腹脹情況，不妨換個牌子。但選擇配方奶粉時，要注意包裝袋上的營養配方，儘量選擇那種不含乳糖、不含低致敏性的配方奶粉，有利於減少寶寶腹脹。

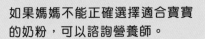

育兒專家提醒

如果媽媽不能正確選擇適合寶寶的奶粉，可以諮詢營養師。

沖奶不對會導致寶寶腹脹

對於有寶寶的媽媽來說，給寶寶沖奶應很簡單。殊不知，80%的媽媽沖奶方式不正確，並因此導致寶寶腹脹。

有的媽媽知道先放水後放奶粉、沖奶水是 40℃ 左右等基本沖奶知識。但仍有很多典型的錯誤沖奶方式被媽媽重複，也不斷地給寶寶造成傷害。以下幾種錯誤的沖奶方式，你有沒有中招呢？

錯誤一

搖晃奶瓶

有些媽媽為了讓奶粉溶解得更快更徹底，拿起奶瓶就使勁搖晃，這是非常錯誤的沖奶方式。因為奶粉在上下左右劇烈搖晃的過程中，會產生大量的氣泡，而寶寶喝帶有大量氣泡的奶液時，同時會吞下泡泡中的空氣，往往導致寶寶喝完奶後出現吐奶和腹脹。

用筷子攪拌奶瓶

錯誤二

有些媽媽知道沖奶不能搖晃奶瓶，於是選用另一種加速奶粉溶解的方法就是用筷子攪拌。首先筷子本身有很多細菌，攪拌奶粉容易污染奶液。此外，用筷子攪拌會讓更多的空氣進入奶液中，從而產生大量氣泡。寶寶喝了含有大量氣泡的奶液，容易腹脹。

錯誤的沖奶方式不僅會導致寶寶腹脹，還會影響寶寶的營養吸收，導致寶寶營養不均衡，對寶寶健康造成影響。

如何沖調奶粉避免寶寶腹脹

有些媽媽認為寶寶的胃口小，喝一定量的奶，奶粉沖得越濃，營養越好，其實這是不對的。因為奶粉中含有鈉離子，需要足量的水來稀釋才行。如果寶寶喝的奶粉濃度過高，腸胃消化功能難以負擔，往往會導致寶寶消化不良、食慾下降等。

所以，沖調奶粉是否正確與寶寶腹脹也有密切的關係。除此之外，沖調奶粉還需要注意甚麼呢？下面我們來瞭解一些沖調奶粉的相關知識。

如何正確沖調奶粉？

媽媽應根據每種奶粉說明書上奶粉和水的比例來沖調。

1 將燒開後冷卻40℃左右的水，倒入消毒的奶瓶中。

2 使用奶粉桶裏專用的小匙，根據標示的奶粉量舀起適量的奶粉。

3 將奶粉放入奶瓶，雙手輕輕轉動奶瓶，使奶粉充分溶解。

4 將沖好的奶粉滴幾滴在手腕內側，測試奶溫溫熱即可。

40℃水溫沖調奶粉最好

沖調奶粉用 40℃的水最好，因為水溫低於 40℃，寶寶的腸胃難以適應。而水溫高於 40℃，就會導致奶粉中的乳清蛋白產生凝塊，影響寶寶的消化吸收。

此外，有些奶粉含有益生菌也忌高溫。所以，沖調奶粉時用 1/3 的涼開水和 2/3 的熱開水混合，再加入奶粉，待奶粉完全沉在杯底時再用雙手輕輕轉動奶瓶，使奶粉溶解，這樣沖出的奶粉營養保存完整，且不結塊。

爺爺嫲嫲注意

有些爺爺嫲嫲照顧寶寶，總是為沖奶水溫控制不好而煩惱，可以選擇恒溫水壺，這樣寶寶能隨時喝到合適的奶粉。

自來水是最好的選擇

自來水是直接取自天然水源，經過一系列處理後再輸入到各用戶家中的，是最符合人體需要的飲用水。煮沸後，既潔淨、無細菌，又能使過高硬度的水質得到改善，還能保持原水中某些礦物質不受損失，用它沖奶粉，有利於寶寶腸胃健康。

謬誤

用純淨水、礦泉水沖調奶粉

人從水中獲取鈣的吸收率達90%以上，而純淨水失去了自來水的礦物質，所以不宜用純淨水沖調奶粉。而礦泉水富含礦物質、磷酸鹽等，寶寶腎臟不健全，如果長期使用礦泉水沖調奶粉，很可能引起寶寶消化不良和便秘。

爺爺嬤嬤注意

有些爺爺嬤嬤認為自來水中的氯氣對寶寶有害，不太喜歡用自來水給寶寶沖奶，其實不必擔心。因為氯氣消毒具有消毒效果好、費用低、幾乎沒有有害物質的優點，被廣泛採用。爺爺嬤嬤可以在燒水時，等水開後，將壺蓋打開再燒 2~3 分鐘，這樣可以讓自來水中的氯氣揮發掉。

配方奶粉打開後，應在 4 周內用完

因為配方奶粉中含有很多活性物質，長期開封用不完，潮濕、污染、細菌等因素都會影響配方奶粉的質量。如果寶寶吃了被污染配方奶粉，很容易出現腹脹等消化不良情況。所以，如果在 4 周內不能將一大罐配方奶粉用完，可以購買小罐或小包裝的配方奶粉。

育兒專家提醒

一般來說，媽媽可以根據配方奶粉包裝上標明餵奶間隔時間餵奶，但這是一個平均值。每個寶寶消化程度不一樣，早吃或晚吃一會兒沒有太大影響，不必把時間卡得那麼死，找到適合自己寶寶的規律最好，還能預防寶寶腹脹。

不要讓寶寶餓得太久才餵奶

如果寶寶餓的時間太久，吸吮時就會過於急促而吞入大量空氣。按需給寶寶餵養，不要強求餵奶次數和時間，且餵奶後及時給寶寶掃風，以促進腸胃的氣體由食道排出，避免腹脹的出現。

育兒專家提醒

寶寶出生後最初幾周，是要按需要餵養的，建議媽媽每 24 小時進行 8~12 次餵養。寶寶飢餓的早期表現包括警覺、身體活動增加、面部表情增加，後續出現哭鬧，這時應及時給寶寶餵奶。

餵奶前避免大聲哭鬧

寶寶大聲哭鬧容易腹脹。遇到這種情況，媽媽應多安慰寶寶或擁抱他，通過穩定他的情緒來避免腹脹加重。

避免寶寶吸入空氣

母乳餵養的寶寶吃奶時，寶寶的嘴和媽媽乳房的位置擺放不適當時，寶寶就可能吸入過多的空氣，引起腹脹。

正確的姿勢

母乳餵養的寶寶，寶寶的臉正對媽媽的乳房以保證他將乳頭和乳暈全部含住。

而人工餵養的寶寶，應注意讓奶水充滿奶嘴的前端，不要有斜面，以免寶寶吸入空氣。

按摩寶寶腹部

媽媽可以讓寶寶仰臥床上，順時針按摩腹部 5 分鐘或腹部用溫毛巾覆蓋，有助於胃腸道蠕動和氣體排出，能改善消化吸收功能，緩解寶寶腹脹。

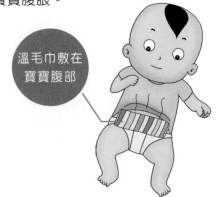

溫毛巾敷在寶寶腹部

及時給寶寶掃風

媽媽可以讓寶寶在吃奶的間歇，如吃到一半時停下來，給他掃風，直到打嗝為止。此外，餵完奶過一會兒也可以讓寶寶仰臥在床上，幫助他輕緩地蹬腿，就像蹬自行車的樣子，但要注意必須要等到餵奶後至少一個半小時，才能嘗試這種方法。

怎樣給腹脹寶寶簡單藥物

因為寶寶太小，腸胃的消化能力太弱，可以遵醫囑給寶寶藥物來調節寶寶的腸胃，幫助消化，緩解腹脹。

7 個月 ~6 歲寶寶腹脹

找出讓寶寶腹脹的罪魁禍首

娜娜，7 個半月，這段時間吃甚麼肚子都鼓鼓的，不好好吃飯，經常哭鬧，因此來就醫。一檢查說是添加輔食導致的腹脹，但是最近娜娜輔食添加種類比較多，一時難以找出到底是哪種食物引起的腹脹。

遇到這種情況，建議媽媽減少輔食種類，慢慢找出引起寶寶腹脹的食物。

在生活中，上面的情況其實經常發生，只不過有的寶寶過段時間就自己好了，有的寶寶需要就醫服用一些藥物或通過按摩才能好。

其實，只要媽媽正確給寶寶添加輔食，很容易找出導致腹脹的食物。

要先添加一種食物，慢慢觀察寶寶是否可以接受。若進食後產生腹脹，必須遞減這種食物

此外，先吃單一食物能及時發現並找出引起過敏的是哪種食物。

多吃易消化的食物

寶寶腹脹，平時應注意多吃些易於腸胃消化的非油炸、低膳食纖維的食物。

若寶寶因進食過多而導致腹脹，可以喝些蘿蔔湯，因為白蘿蔔有消食下氣的作用。

若寶寶因吃肉過多導致的腹脹，可以取新鮮山楂，水煮取果肉食用，也可以喝些山楂汁。如果寶寶超過 1 歲，可以加些蜂蜜，口感和功效都不錯。因為山楂有健胃消食的作用。

減少攝入易產氣的食物

對於添加輔食的寶寶，像粟米糊、番薯飯、青豆蓉、豆漿等易產氣的輔食要少吃。此外，像奇異果、梨、菠蘿等含糖成分高的食物也要少吃，否則容易誘發寶寶腹脹。

避免寶寶腹部着涼

寶寶要注意腹部保暖，不要着涼，否則會引起腹脹，因為人的腹壁一般較薄，尤其是肚臍周圍的腹壁更加單薄，受涼後會引起腸道平滑肌的收縮，也就是腸道蠕動加快，產生更多的氣體。

所以，寶寶要避免腹部着涼，如夏天在空調房間睡覺，溫度在 22~26℃為宜，腹部要蓋個毯子或毛巾被等。

緩解腹脹食譜推薦

鮮白蘿蔔湯

適合年齡 7 個月以上

✖ 順氣

材料

白蘿蔔 100 克，薑片 5 克

做法

1. 白蘿蔔洗淨，切小片，同薑片一起放入鍋中。

2. 鍋中加適量水，大火煮至白蘿蔔熟即可（年紀小的寶寶可以喝湯，大的寶寶可以連帶白蘿蔔片一起吃）。

對寶寶的好處

白蘿蔔煮熟能起到順氣作用，適合腹脹的寶寶食用。

桔子皮粥

適合年齡 1 歲以上

✖ 幫助消化，消除腸脹氣

材料

桔子皮 5 克，大米 25 克

做法

1. 大米洗淨，用水浸泡 30 分鐘；桔子皮洗淨，切絲。

2. 桔子皮和大米放入砂鍋，放適量清水，小火煮粥至熟爛。

對寶寶的好處

桔子皮能增強胃的功能，促進消化液的分泌，增進腸胃蠕動，排出消化道內的積氣，可起到消除腸道脹氣的功效。

第 8 章

腸痙攣、
腸套疊
媽媽的安撫
是最好良藥

腸痙攣是指腸壁平滑肌陣發性強烈收縮而引起的陣發性腹痛，是嬰兒腹痛的一種常見症狀。

腸套疊是指一段腸管套入與其相連的腸腔內，並導致腸內容物通過障礙。

年齡不同，腹痛表現也不同

　　所有年齡段的寶寶都可能發生腹痛。但嬰兒腹痛引發的原因和大一些的寶寶有所差異。另外，不同年齡的寶寶對腹痛的反應有不同。

年齡稍小的寶寶

只會舞動着兩條腿，用哭鬧表達他的疼痛，有時也會表現為放屁（排出的一般是正常吞下去的氣體）。有時候，哭鬧的寶寶還會伴有嘔吐或不斷打嗝的症狀。

年齡稍大的寶寶

可能會捂着肚子說「肚子疼」或「胃疼」，幸運的是，大部分腹痛都會自行緩解，不會進一步發展。

肚子疼一

哪種情況下，嬰兒腹痛要看醫生？

　　寶寶一旦出現以下情況，爸爸媽媽要立即帶他去醫院。

1　腹痛狀況一直持續或在 3~5 小時有所加重。

2　腹痛伴有發熱、嚴重的咽喉腫痛。

3　腹痛伴有明顯的食慾缺乏、活動量減少、注意力不集中。

10 天~3 個月嬰兒腸痙攣

哪種情況下的哭鬧不必擔心

3 個月大的平平從傍晚天色剛變黑就開始閉着眼睛大哭大鬧，兩腿亂蹬，有時還尖叫、放屁，偶爾會全身繃緊頭往後仰。平平的哭鬧根本難以安撫，會持續一兩小時都不停止，任憑媽媽怎麼抱、搖、晃、拍都無濟於事，餵母乳也不吃，但寶寶的發育是正常的。

事實上，這種情況很常見，尤其是晚上 6 點至午夜（正是媽媽操勞一天後非常疲倦的時候），寶寶的煩躁對媽媽來說是一種折磨，如果還有二孩需要照顧，會讓媽媽更加痛苦。

腸痙攣導致的哭鬧特點

 6 點至午夜寶寶異常煩躁、哭鬧。

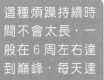

這種煩躁持續時間不會太長，一般在 6 周左右達到巔峰，每天達 3 小時。

然後逐漸減少，到 3~4 個月時每天 1~2 小時。

只要嬰兒可以在幾個小時內安靜下來，其餘時間都相對平靜，就沒有必要過於擔心。

如何判斷寶寶是否腸痙攣？

腸痙攣

① 大約 1/5 的嬰兒會出現腸痙攣，最常見於 2~4 周大的時候。

② 整日整夜哭鬧，而且哭鬧常在傍晚加重。

③ 不管用甚麼辦法都哄不好，常常還會尖叫、兩腳亂踢，還會放屁。他們的腹部可能因為脹氣而變大或鼓起。

④ 摟着他、輕搖他或帶着他四處走走、試圖安撫他，都不起作用，還是哭鬧。

⑤ 即使換了尿布、餵了奶，哭鬧情況都會發生。

 育兒專家提醒

對於寶寶是否是腸痙攣一般通過血常規、便常規、生化全項、腹透等常規檢查來確診。
此外，有些疾病易與腸痙攣混淆，如腸套疊、腸梗阻、急性腹腺炎、胃十二指腸潰瘍病急性穿孔、泌尿系結石等。

腸痙攣沒有明確的原因

對於寶寶腸痙攣的現象，現在並沒有明確的解釋，但能找到一些可能引起的原因。

大部分情況下，腸痙攣可能是因為嬰兒對刺激異常敏感，或是難以「自控」，無法調節他的神經系統。隨着身體發育成熟，這種無法控制自己的現象就會改善。這種腸痙攣型哭鬧一般在 3~4 個月時停止，但也可能一直持續到 6 個月。

飲食不當（如母乳或牛奶過敏、進食量過多或食物中含糖量過高而引起腸內積氣等）所致；也可能是氣候變化（如受涼等）使寶寶出現腸痙攣。

避免食物過敏引起的腸痙攣

對於母乳餵養的寶寶，媽媽應試着停止攝入奶製品、洋葱、椰菜以及其他刺激性的食物；對於人工餵養的寶寶，可諮詢醫生使用部分水解蛋白的配方奶粉。

如果寶寶的不適確實是因為食物過敏引起的，調整了媽媽的飲食和寶寶食物後，幾天內腸痙攣症狀就會減輕。

育兒專家提醒

部分水解蛋白配方奶粉是指採用先進水解蛋白技術，將完整的大分子蛋白切碎，在胃內形成更軟、更易吸收的凝乳，進而更容易被寶寶吸收、消化，能緩解寶寶各種消化不適情況。這種配方奶粉適用於腸胃發育不完善的 0~12 個月寶寶。

拒絕過度餵養

過度餵養會讓寶寶感到不適。經常遇到媽媽擔心寶寶吃不飽而過度餵養的情況，很少有寶寶真正吃不飽的情況。寶寶哭鬧的原因很多，不一定是沒吃飽，很可能是以下四種原因。

有些時候只是需要安慰

有些時候只是撒嬌

有些時候只是情緒的釋放

有些時候只是該換尿布了

很大一部分媽媽一聽到寶寶哭鬧就以為寶寶是餓哭了，或餵母乳或餵配方奶粉，就會導致過度餵養。

當給寶寶的飲食量超過了寶寶胃內容量，寶寶尚未成熟的消化系統就會出現功能失調，甚至發生腸痙攣。

用嬰兒背帶抱着寶寶四處走走來安慰他

嬰兒背帶主要模擬寶寶在母體內蜷曲狀態，將腸痙攣的寶寶抱在胸前，那種晃動感和與身體接觸感，對寶寶有安撫作用。這樣做對寶寶腹部有一定的擠壓，一定程度上能緩解寶寶的疼痛和煩躁情緒。

將寶寶包在薄薄的被子裏，給他安全感

　　媽媽可以用被子包裹寶寶，讓寶寶感覺像在母體宮腔內一樣，熟悉而安全，一定程度上可以安撫寶寶的情緒。到底該怎樣包寶寶呢？

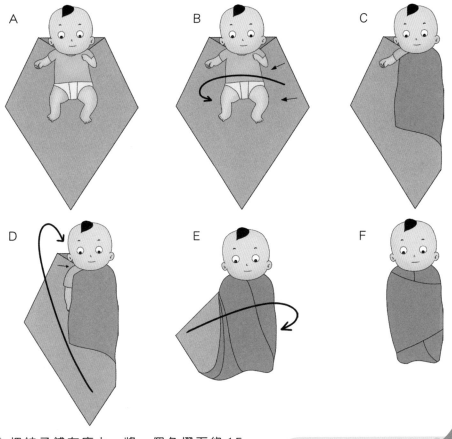

① 把被子鋪在床上，將一個角摺下約 15 厘米，讓寶寶仰面放在被子上，保證頭部枕在摺疊的位置（A）。

② 把被子靠近寶寶左手的一角拉起來，蓋在寶寶的身體上，並把邊角從寶寶的右手臂下側掖進寶寶身體後面（B、C）。

③ 把被子的下角（寶寶腳的方向）折回來蓋到寶寶的下巴以下（D）。

④ 把寶寶右臂邊的一角拉向身體左側，並從左側掖進身體下面（E、F）。有些寶寶喜歡胳膊能自由活動，那你就可以只包寶寶胳膊以下的身體，這樣他就能活動手了。

爺爺嫲嫲注意

有嫲嫲會在給寶寶包被子時，在外面捆上 2~3 道繩帶，這是不科學的，因為這樣的包裹方法會妨礙寶寶四肢運動。此外，寶寶被捆緊後，肢體接觸不到周圍的物體，不利於寶寶觸覺的發展。

可嘗試使用安撫奶嘴

安撫奶嘴的作用是滿足嬰兒在不吃奶時的吸吮需求，對腸痙攣寶寶有一定的安撫作用。媽媽給寶寶使用安撫奶嘴注意事項。

- 選擇適合寶寶所處月齡的奶嘴。
- 奶嘴應是一個整體，且奶頭柔軟，奶嘴不含任何能卸下的部件。
- 奶嘴每次使用前，應用前先充分消毒。
- 千萬不要將奶瓶上的奶嘴取下來給寶寶使用。
- 千萬不能用繩子將奶嘴系在寶寶脖子上，否則有纏繞窒息的可能。

輕輕搖晃，在隔壁房間使用吸塵機

穩定、有節奏的晃動和讓人感到平靜的聲音能幫助寶寶入睡。吸塵機的聲音有些類似寶寶還是胎兒時在宮腔內聽到的臍血流動的聲音，對腸痙攣寶寶有很好的安撫作用。

育兒專家提醒

不管寶寶的哭鬧讓人有多不耐煩，多生氣，也不能大力搖晃孩子。大力搖晃寶寶可能造成寶寶失明、腦損傷等嚴重的後果。

輕輕按摩寶寶後背

媽媽可以讓寶寶趴在膝蓋上，輕輕按摩他的後背，寶寶腹部感受到壓力會讓腸痙攣寶寶舒服一些。

腸痙攣會隨成長消失

腸痙攣是一種隨着寶寶長大，器官功能逐漸成熟而消失的一過性現象，在寶寶中很普遍。若醫生排除了疾病因素外，面對寶寶的哭鬧，媽媽只需耐心伴隨寶寶成長。

矯正心態和寶寶一起成長

有些新手媽媽一時不能適應自己的新角色。面對寶寶的哭鬧，如果實在感到緊張和焦慮，可以暫請家人代為照顧寶寶，媽媽利用這個空間到外面走走。

即使只是出去走上一小會兒都可能讓媽媽的焦慮情緒得到緩解，媽媽只有心情愉快才能更好地照顧寶寶。

可能用完所有的方法，寶寶還是會定時哭鬧，但只要醫生排除了疾病的情況，媽媽毋須太擔心，只要矯正心態，與寶寶一起成長即可。其實，帶寶寶也是媽媽的一個自我成長過程，接受寶寶的成長，自己也在共同成長。

4~12 個月嬰兒腸套疊

腸套疊是如何形成？

- 腸套疊是指一段腸管套入與其相連的腸腔中。最常見的是回腸（小腸的末端）套入到與之相連的結腸（大腸的首段）中。

- 這種病沒有季節的差異，任何季節都可能發生。

- 這種病一般發生在 4 個月以後的嬰兒中，過 1 周歲後發病概率大大減少，但對其他月齡的寶寶來講也並不排除發病的可能性。

- 用盡辦法進行安撫都無濟於事，依然哭鬧不止。

- 任其發展的話，套入部位血液循環受阻，腸管因腐爛出現漏洞，最後引起腹膜炎，甚至導致死亡。

腸套疊引起的原因至今不明，有的嬰兒患感冒發熱幾天，退熱後可能發生腸套疊，也有的輕度腹瀉後發生腸套疊。此外，腸套疊手術中發現嬰兒有腸系膜淋巴結腫大，從這點看，病毒感染也可能是腸套疊的病因之一。

腸套疊特有的發病方式

9 個月大的莉莉被媽媽緊急送到了醫院。原因是寶寶肚子痛得不正常。上午外出玩耍還挺好，下午外出後就沒有按時排便，還不停哭鬧，餵東西也不吃，全吐出來了。本來媽媽想先觀察一下，誰知到了晚上，寶寶症狀沒有好轉，怕出事，就送到醫院來了。

到了醫院，莉莉又開始嘔吐了，她哭鬧得厲害，雙腿屈向腹部，感覺是肚子痛。一檢查，在寶寶的腹部隱隱摸到了小包塊。腹痛、哭鬧、腹部有包塊，這些都很像小兒腸套疊的症狀。

瞭解了寶寶腸套疊的常見症狀，來瞭解一下腸套疊的發病方式。

一直很健康的嬰兒突然開始大聲哭鬧，看起來肚子痛得厲害（雙腿向腹部屈曲），3~4 分鐘後安靜下來，過一會兒又開始哭叫。腸套疊往往以這種特有的方式發病。

如果發現這種現象，就可以斷定是腸套疊。這種症狀持續 12 小時後，嬰兒的臉色變得蒼白，昏昏沉沉，筋疲力盡，上面特有的哭鬧方式也沒有了。

如果開始出現這種症狀，媽媽能馬上懷疑是腸套疊，儘早就醫，寶寶甚至不需要手術就能痊癒。

腸套疊發生時間不同，急救方法有別

發病時間	應對措施
6 小時以內 （實際應是 2 小時以內）	可從肛門注入鋇劑，在 X 光透視下，將套疊的部分拉回原來的位置。
超過 8 小時	施行全身麻醉，將管子插入氣管中保持呼吸暢通，然後一邊打點滴，一邊進行複位。這種方法只有外科醫生才能進行。
超過 24 小時	必須進行開腹手術，但即使手術也不能保證是否可行。

註：在寶寶所有疾病中，早期診斷非常重要，媽媽責任非常重大，一定要仔細觀察寶寶，另外，媽媽全面瞭解腸套疊的相關知識是非常必要的。

嬰兒腹痛灌腸前，應確診是否腸套疊

常有媽媽說寶寶灌腸後會出現便血症狀，其實，這應該是灌腸後過一段時間才有的現象。大多數情況下，嬰兒由於劇烈疼痛會馬上去醫院進行灌腸，第 1 次灌腸後排出的與平時一樣的便，而間隔 3~4 小時進行第 2 次灌腸以後才會出現黏液便和血便。所以，最好在這之前就有明確的診斷，這樣方便應對。

腸套疊發病早期和晚期的症狀

早期症狀

陣發性腹痛發作不久便發生嘔吐，開始吐乳汁、乳塊和食物殘渣，後可吐黃綠色膽汁；約 85% 的寶寶在發病後 6~12 小時排出果醬樣、黏液樣的血便；腹部摸到臘腸樣腫塊。

晚期症狀

吐糞便樣液體；並發腸壞死和腹膜炎，常有嚴重脫水、高熱、昏迷及休克等中毒症狀。

育兒專家提醒

在發病 30 分鐘以內，第一目擊人必須想到有腸套疊的可能性。實際上，媽媽和最初看病的醫生往往沒注意到是腸套疊，等病情惡化後出現腸破裂，引起腹膜炎後才將嬰兒送到外科。

育兒專家提醒

高壓灌腸最好不要在內科、兒科做，因為萬一在高壓灌腸過程中出現腸管破裂就會引起腹膜炎。

消化性潰瘍年齡不同，症狀也有別

各年齡段的症狀是甚麼？

新生兒期

這時寶寶發生消化性潰瘍以繼發性潰瘍多見，急性起病，嘔血、黑便。此外，出生後 2~3 天也可發生原發性潰瘍，常見原發病有早產、出生窒息等缺血缺氧、低血糖、敗血症、呼吸窘迫綜合症和中樞神經系統疾病等。

嬰兒期

這時寶寶消化性潰瘍以繼發性潰瘍多見，發病急，多為消化道出血和穿孔，原發性以胃潰瘍多見，表現為食慾差、嘔吐、進食後啼哭、腹脹、生長發育遲緩，有黑便、嘔血。

幼兒期

這時寶寶消化性潰瘍中胃潰瘍和十二指腸潰瘍發病率相當。寶寶進食後嘔吐，臍周和上腹部呈間歇發作疼痛，夜間和清晨痛醒，有嘔血、黑便，甚至穿孔。

學齡期

這時寶寶消化性潰瘍以原發性十二指腸潰瘍多見，臍周及上腹部脹痛、燒灼感反復發作，饑餓時或夜間多發。嚴重者出現嘔血、便血、貧血情況，併發穿孔時疼痛劇烈並放射到背部或左右上腹部。有一種情況是僅表現為貧血、糞便潛血試驗陽性。

哪種情況下，寶寶消化性潰瘍要就醫？

寶寶一旦出現以下情況，爸爸媽媽要立即帶他去醫院。

1　曾經被確診為消化性潰瘍，近期出現身體虛弱乏力、面色蒼白、嘔吐咖啡樣物，出現黑色或柏油樣大便等。

2　疼痛加重，且向背部轉移。

3　在服藥的情況下，疼痛沒有得到控制，反而加重。

順應四季，呵護寶寶腸胃健康

春季：注意保暖，多吃暖胃食物

春季溫度時高時低，氣溫變化不定，細菌、病毒等繁殖活躍，寶寶很容易得腸胃疾病。媽媽要知道怎樣在春季給寶寶進行腸胃的調理。

做好寶寶腹部保暖

天氣溫度不穩定，寶寶容易腹部着涼，進而誘發腹瀉。所以，不管在家裏還是外出，尤其是晚上睡覺，都要注意腹部保暖。

多吃甘味食物，少吃酸味食物

甘味入脾，酸味入肝，甘味食物如紅棗、山藥、大米、小米、高粱、扁豆、黃豆、芋頭、番薯、薯仔、南瓜、栗子等，能補益脾氣，脾與胃互為表裏，有幫助消化的作用。而酸味食物如桔子、山楂、醋、烏梅等，春季不宜多食。

吃點暖胃的食物

大米、小米、糯米、山藥、大棗等都屬暖胃的食物，媽媽可以換着給寶寶做輔食，如大米粥、小米粥、糯米粥、山藥蓉、大棗汁等，對寶寶腸胃健康都有幫助。

多吃新鮮的蔬菜和水果

相比而言，冬季的時令果蔬比較少，人體容易缺乏維他命和礦物質。到了春季，可以適當多吃新鮮的果蔬，比如菠菜、韭菜、芹菜、紅蘿蔔、山藥、草莓等，以補充維他命、礦物質的不足，還能促進食慾，提高免疫力。

多讓寶寶蹦蹦跳跳

寶寶多蹦蹦跳跳有利於腸胃蠕動，能預防多種腸胃疾病。對於年紀小一點的寶寶，可以鼓勵寶寶多爬，對於大些的寶寶，應多到戶外跑跑跳跳。

媽媽抱着寶寶運動時，不要扭傷寶寶的腰部。

夏季：生熟分開處理，冷氣房要注意溫度

夏季天氣炎熱，會使血液多集中於體表，導致胃腸道供血減少，使消化液分泌減少，消化功能下降，容易出現胃腸道疾病，所以媽媽要知道怎樣在夏季給寶寶進行腸胃的調理。

冷氣房溫度在 22~26℃為宜

在炎炎的夏季，很多寶寶都喜歡待在冷氣房裏。往往會因為在冷氣房裏不注意溫度和保暖而着涼，引起消化道疾病。

> 溫度控制在 22~26℃為宜。

> 冷氣不能直接對着寶寶吹風。

> 寶寶睡覺時腹部要蓋上被子或單子，避免腹部着涼。

講究個人衛生

寶寶要養成飯前便後洗手的習慣，採用正確的洗手方法，並用流動的水沖洗至少 30~60 秒。

處理生熟分開

切生、熟食物的刀砧板等一定要分開。每次使用後都要徹底清洗並晾乾。切食物的砧板一定要經常消毒，最好每次用之前先用開水燙一遍。

小心食物變質

夏季食物容易腐爛，病菌就會乘虛而入。所以日常飲食要小心食物變質。

- 吃剩下的食物應立即放進冰箱。
- 喝剩下的奶粉隔 2 小時就不能給寶寶喝了，最好不要給寶寶喝剩奶。
- 盡可能控制每次烹調輔食的份量，最好寶寶每頓都吃新鮮的蔬菜。
- 放冰箱裏的食物吃第二頓時要注意熱透。因為冰箱中也會產生有害菌，只有徹底加熱後才可以起到的殺菌作用，否則會引起食物中毒，造成寶寶腸胃功能障礙。

小心冷飲

| 寶寶貪食冷飲對腸胃有害。 | → | 會使口腔、胃黏膜的血管劇烈收縮。 |

影響局部的血液供給和胃液的分泌。

| 引起腹痛、腹瀉和食慾缺乏等症狀。 | → | 媽媽讓寶寶吃冷飲應適量，尤其不要飯前吃冷飲，否則會引起寶寶消化功能紊亂。 |

秋季：謹防感冒，多喝水

秋季天氣轉涼後，人的食慾也逐漸旺盛起來，很多媽媽開始給寶寶「貼秋膘」，使得寶寶腸胃負擔變重，引發消化不良、腹瀉、腹脹等多種腸胃疾病。此外，秋季氣候乾燥，易傷陰，會造成大便乾結，引起便秘。所以，秋季飲食既要健脾養胃，又要養陰、防秋燥，以保護消化系統。

適時添加衣服

秋季晝夜溫差較大，媽媽要根據氣候的變化適時給寶寶添加衣物，夜晚要蓋好被子，以防寶寶腹部着涼而引起腸胃疾病。

適當參加戶外活動

隨着寶寶一天一天地長大，如果天氣好的話，可以帶寶寶多接觸大自然，曬曬太陽，呼吸一下新鮮的空氣，有利於增強身體免疫力，提高對抗那些細菌、病菌的能力，保護胃腸道健康。

飲食應以溫軟、清淡、新鮮為宜

秋季天涼，寶寶宜吃溫熱、軟爛、清淡等易消化的食物來減輕胃腸的負擔。蓮子、山藥、杞子、烏雞、魚等清補食物可適當多吃。

多吃富含粗纖維的食物

秋天體內水分過度蒸發，不少寶寶都會出現大便乾結的情況，這就需要多吃一些潤腸通便、含膳食纖維多的食物，如番薯、海帶、竹笋等，以促進腸胃蠕動，防止便秘。

番薯

海帶

補充水分，多吃滋陰潤燥的食物

　　秋季天氣乾燥，腸胃的抵抗力下降，病菌易乘虛而入。此時寶寶應多喝水、粥、果汁、豆漿、牛奶等，多吃雪耳、百合、蓮藕、梨、核桃等滋陰潤燥的食物，以養護腸胃，避免腸胃疾病的發生。

秋季最大的氣候特點是乾燥，而蜂蜜能潤燥、通便，所以，1歲以上的寶寶可以適當喝些蜂蜜水來潤燥，但1歲以下的寶寶不能喝蜂蜜。

梨富含水分，尤其適合秋季食用，可以滋陰養肺，緩解秋燥帶來的腸胃傷害，可以直接食用，也可以榨汁、做粥、燉湯等。

秋季天氣乾燥，可以給寶寶吃些山藥，因為山藥既能補氣還能滋陰利濕，有利於增強寶寶體質。

冬季：多參加戶外活動，多吃溫熱性食物

冬季天氣寒冷，冷空氣刺激腸胃會引發多種腸胃疾病。此外，寶寶冬季食慾旺盛，會過量食用高熱量、高脂肪、高膽固醇的食物，由此會加重腸胃的負擔，導致消化不良、腹脹、腹痛等腸胃病。冬季保養腸胃，除了注意防寒保暖外，還要注意飲食調節。

適當參加戶外活動

冬季天氣寒冷，寶寶不喜歡外出活動，但適當參加戶外活動，可以促進腸胃蠕動，保護腸胃健康。提醒一句，外出活動，要注意保暖。

適當多吃溫熱性食物，以抵禦嚴寒

冬季可適當多吃溫熱食物，以保護人體陽氣，祛寒暖胃。如桂圓、荔枝、牛肉、羊肉、蒜等，可適量多食。

多吃蔬菜

在冬季，寶寶應多吃蔬菜，因為蔬菜含有大量維他命和礦物質，且易消化吸收，適合寶寶的腸胃。

有些寶寶不愛吃蔬菜，這時媽媽也不要強行逼寶寶吃，否則會讓寶寶更討厭蔬菜。

可以將寶寶不愛吃的蔬菜改變一下性狀，如寶寶不喜歡吃紅蘿蔔，可以剁碎做餡包成小雲吞等讓寶寶吃。

如果寶寶不喜歡吃青瓜，可以換成絲瓜給寶寶吃，都能滿足寶寶的營養需求。

牛肉

蒜頭

吃水果可以先燙一下

有些寶寶冬季愛吃水果，但水果太涼，寶寶吃了會出現消化不良，傷及寶寶的脾胃，尤其是那些脾胃虛寒的寶寶。這時，媽媽可以先用清水洗淨水果後，再用開水稍微泡一下水果再給寶寶食用。

不能吃得過快、過飽

寶寶冬季進食速度一定要慢，增加咀嚼時間，每頓飯進食時間至少 25 分鐘。最好先吃點主食，再吃菜肉、喝湯，這樣有利於刺激唾液分泌澱粉酶，增強腸胃的消化能力，保護腸胃健康。

寶寶要避免暴飲暴食，否則會使腸胃的消化能力難以承受，造成消化不良，甚至可能導致急性胃擴張、胃穿孔等嚴重疾病。所以，進食不能過飽、過快。

多吃水果有利於腸胃健康，預防寶寶便秘，除了用開水燙一下，也可以蒸一下給寶寶吃。

寶寶腸胃好不好，要留心生長曲線

寶寶只有腸胃消化好才能促進營養的消化和吸收，保證身體的正常發育。除了寶寶身體表現出來的便秘、腹瀉、厭食等，其實，生長曲線也是判斷寶寶腸胃好不好的一個依據。

「生長曲線圖」的使用方法

1. 順時記錄

要想通過瞭解寶寶身高、體重是否標準來判斷寶寶腸胃好不好，媽媽可以每個月測量一次寶寶的身高、體重，把測量結果標注在生長發育曲線圖上（避免在寶寶患病期間測量），然後連成一條曲線。若寶寶的生長曲線一直在正常範圍（3rd~97th）內，且能勻速順時增長，這就表明是正常的，寶寶的腸胃健康。可能有些寶寶的生長速度會比較快，生長曲線呈斜線，不過，若一直在正常值範圍內就不用擔心。

2. 動態觀察

利用生長發育曲線圖瞭解寶寶的腸胃情況，最好每 2~3 個月對生長曲線增長速度進行一次橫向比較。如果出現突然增速或減速，就要引起注意了，可能腸胃出現了問題，應及時就醫。

「生長曲線圖」的使用謬誤

謬誤 1：
追求最高值，認為平均值以下為不正常

　　每個寶寶的生長發育曲線都會有所不同，平均值曲線並非判斷腸胃好不好的唯一標準。即使寶寶的生長曲線一直在平均值曲線下面，但在最低值曲線上面，只要一直呈現勻速順時增長就應視為正常。

謬誤 2：
一直等到生長曲線突破正常值後才引起注意

　　很多父母往往在寶寶的身高、體重超出或低於正常值後才發現問題，那時已經有點晚了。若寶寶的生長曲線總是超過 85th，或者低於 15th，就應諮詢醫生，看是否需要予以協助。

> 註：188 頁為 0~6 歲男女寶寶的身高發育曲線圖（根據《中國 7 歲以下兒童生長發育參照標準》繪製）。以男寶寶為例，曲線圖中對生長發育的評價採用的是百分位法。百分位法是將 100 個人的身高按從小到大的順序排列，圖中 3rd、15th、50th、85th、97th 分別表示的是第 3 百分位、第 15 百分位、第 50 百分位（中位數）、第 85 百分位、第 97 百分位。排位在 85th~97th 的為上等；50th~85th 的為中上等；15th~50th 的為中等；3rd~15th 的為中下等；3rd 以下為下等，屬矮小。

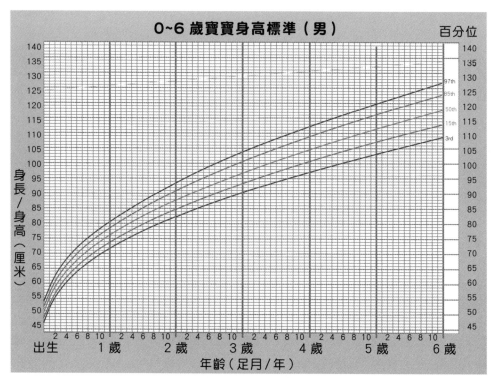

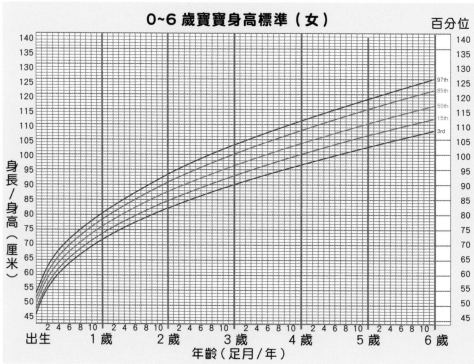

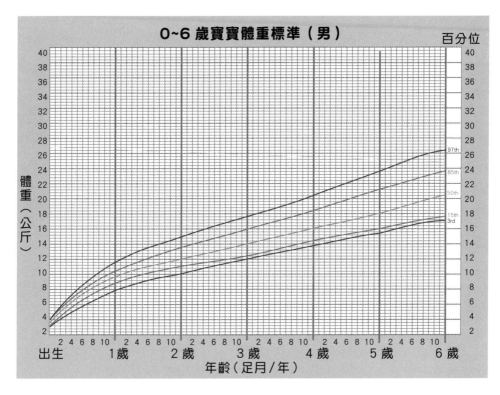

0~6 歲寶寶體重標準（男）

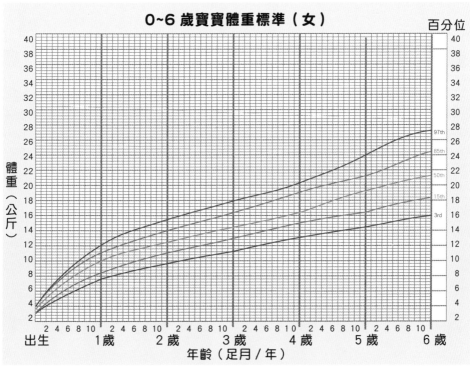

0~6 歲寶寶體重標準（女）

如何讓寶寶把藥咽下去

寶寶患了胃腸道疾病，除了飲食、生活調養外，必要時還要吃藥，但餵藥往往是媽媽最頭疼的事情。有的寶寶能夠咕嘟就咽下藥物，有些寶寶看見藥物就拼命搖頭或跑得遠遠的。

下面來瞭解一下如何才能輕鬆餵藥的方法和正確使用藥物的方法。

正確餵藥的要點

藥水

寶寶服用的藥大部分是糖漿形態的藥水，因為甜味能使寶寶更願意服用。

如果寶寶搖頭不願意喝的話，為了避免藥水進入支氣管，餵的時候要讓寶寶的頭部後仰。寶寶不把藥水咽下而是含在嘴裏的話，可以輕按寶寶的兩頰，幫助寶寶把藥水咽下去。

1. 如果寶寶太小，可以用注射器餵藥水。
2. 如果是使用奶瓶的寶寶，可以先讓寶寶吸吮空的奶嘴，然後將藥水倒入奶嘴裏。
3. 如果是會用匙羹的寶寶，可以把藥水放在匙羹裏來餵。
4. 如果是會使用杯子的寶寶，可以把藥水倒在小杯子裏讓寶寶咕嘟一下咽下去。

正確餵藥的方法

1. 拿起藥水瓶慢慢搖晃，使沉底的成分調和均勻。注意搖晃不能太使勁，否則會生成泡沫。
2. 把搖晃過的藥水瓶放好，然後按瓶子上的刻度準確倒出寶寶應服用的量。
3. 媽媽用拇指和中指捏住寶寶的兩頰，使寶寶張開嘴，讓藥水流入寶寶嘴裏。

藥粉

如果寶寶喜歡，可以直接餵藥粉。如果不喜歡，可以用溫水調或摻在果汁裏來餵。也可以與香蕉等容易吞咽的食物摻在一起，或與蜂蜜調和後塗抹在口腔內。1歲以內寶寶不能吃蜂蜜。

不過，在寶寶周歲前，最好不要把藥粉摻在寶寶平時吃的米糊等食物裏來餵，否則可能造成寶寶拒絕吃此類食物。

正確餵藥的方法

1 媽媽洗淨雙手,將藥粉和水放入杯子裏調和均勻後用餵藥水的方法來餵。

2 用 1 匙羹水和 1 次量的藥粉調勻,媽媽用手指將調好的藥塗抹在寶寶的口腔,然後再餵水或飲料。

軟膏

洗澡後塗抹軟膏能有效發揮藥效,即使是少量,也會產生藥效。如果用沒有洗過的手塗抹軟膏,有被感染的危險;所以媽媽塗抹軟膏前,一定要把手洗淨。

有些媽媽認為塗抹在皮膚上的軟膏藥效不太好,所以總是不太願意用這類藥物。其實,只要按照說明正確使用,是不必擔心藥效的。不過,即使症狀性相似,也不能隨意用以前用過的軟膏。

正確擦藥的方法

1 將適量的軟膏擠在手指上,迅速擰緊軟管蓋,把手指上的藥膏部分均勻塗抹在患部。

2 一般利用塗抹軟膏。如果患部面積較大,也可以用手掌像塗抹護膚品似地輕輕塗抹。

餵藥時的注意事項

必須遵照處方的內容

遵照處方,比如飯後 30 分鐘後或每隔 5 小時餵寶寶服藥。擔心藥副作用太大而不按處方用藥,或吃完飯就餵藥等都是錯誤的做法。因為每種藥的用法、用量、功效等都是有區別的,所以媽媽不能隨意做出判斷。

並非所有藥物都需要保存在冰箱裏

有些藥物放在冰箱裏保存,藥的成分會凝結而產生沉澱物,更適合常溫保存。

此外,藥物保存時間過長,會變質而失去藥效。如果在藥品注意事項中注明「冷藏保存」的話,一定要放在冰箱裏保存。

護理寶寶
腸胃
不肚痛、不便秘

作者
毛鳳星

責任編輯
簡詠怡

美術設計
鍾啟善

排版
劉葉青

出版者
萬里機構出版有限公司
香港北角英皇道499號北角工業大廈20樓
電話：2564 7511
傳真：2565 5539
電郵：info@wanlibk.com
網址：http://www.wanlibk.com
　　　http://www.facebook.com/wanlibk

發行者
香港聯合書刊物流有限公司
香港新界大埔汀麗路36號
中華商務印刷大廈3字樓
電話：（852）2150 2100
傳真：（852）2407 3062
電郵：info@suplogistics.com.hk

承印者
中華商務彩色印刷有限公司
香港新界大埔汀麗路36號

出版日期
二零二零年三月第一次印刷

本書的出版，旨在普及醫學知識，並以簡明扼要的寫法，闡釋在相關領域中的基礎理論和實踐經驗總結，以供讀者參考。基於每個人的體質各異，各位在運用書上提供的藥方進行防病治病之前，應先向家庭醫生或註冊中醫師徵詢專業意見。

本中文繁體字版本經原出版者中國輕工業出版社授權出版，並在香港、澳門地區發行。
出版經理林淑玲lynn1971@126.com